给建筑师的思想家读本

建筑师解读 **福柯**

[英] 戈尔达娜·丰塔纳-朱斯蒂 著
闫 超 译

中国建筑工业出版社

著作权合同登记图字：01-2017-2108号

图书在版编目（CIP）数据

建筑师解读福柯 /（英）戈尔达娜·丰塔纳-朱斯蒂著；闫超译．—北京：中国建筑工业出版社，2018.6（2024.11重印）
（给建筑师的思想家读本）
ISBN 978-7-112-22128-8

Ⅰ.①建… Ⅱ.①戈…②闫… Ⅲ.①福柯（Foucault，Michel 1926-1984）—哲学思想—影响—建筑学—研究 Ⅳ.①TU-05②B565.59

中国版本图书馆CIP数据核字（2018）第081078号

Foucault for Architects / Gordana Fontana-Giusti，ISBN 9780415693318

责任编辑：戚琳琳　李　婧　董苏华
责任校对：张　颖

给建筑师的思想家读本
建筑师解读　福柯
［英］戈尔达娜·丰塔纳-朱斯蒂　著
闫　超　译
*
中国建筑工业出版社出版、发行（北京海淀三里河路9号）
各地新华书店、建筑书店经销
北京点击世代文化传媒有限公司制版
建工社（河北）印刷有限公司印刷
*
开本：880×1230毫米　1/32　印张：5⅝　字数：134千字
2018年6月第一版　2024年11月第二次印刷
定价：35.00元
ISBN 978-7-112-22128-8
（32012）

目　录

丛书编者按

亚当·沙尔（Adam Sharr）

建筑师通常会从哲学界和理论界的思想家那里寻找设计思想或作品批评机制。然而对于建筑师和建筑专业的学生而言，在这些思想家的著作中进行这样的寻找并非易事。对原典的语境不甚了了而贸然阅读，很可能会使人茫然不知所措，而已有的导读性著作又极少详细探讨这些原典中与建筑有关的内容。而这套新颖的丛书则以明晰、快速和准确地介绍那些曾讨论过建筑的重要思想家为目的，其中每本针对一位思想家在建筑方面的相关著述进行总结。丛书旨在阐明思想家的建筑观点在其全部研究成果中的位置、解释相关术语以及为延伸阅读提供快速可查的指引。如果你觉得关于建筑的哲学和理论著作很难读，或仅是不知从何处开始读，那么本丛书将是你的必备指南。

“给建筑师的思想家读本”丛书的内容以建筑学为出发点，试图采用建筑学的解读方法，并以建筑专业读者为对象介绍各位思想家。每位思想家均有其与众不同的独特气质，于是丛书中每本的架构也相应地围绕着这种气质来进行组织。由于所探讨的均为杰出的思想家，因此所有此类简短的导读均只能涉及他们作品的一小部分，且丛书中每本的作者——均为建筑师和建筑批评家——各集中仅探讨一位在他们看来对于建筑设计与诠释意义最为重大的思想家，因此疏漏不可避免。关于每一位思想家，本丛书仅提供入门指引，并不盖棺论定，而我们希望这样能够鼓励进一步的阅读，也即激发读者的兴趣，去深入研究这些思想家的原典。

“给建筑师的思想家读本”丛书已被证明是极为成功的，探讨了多位人们耳熟能详，且对建筑设计、批评和评论产生了重要和独特影响的文化名人，他们分别是吉尔·德勒兹[①]、费利克斯·瓜塔里[②]、马丁·海德格尔[③]、露丝·伊里加雷[④]、霍米·巴巴[⑤]、莫里斯·梅洛－庞蒂[⑥]、沃尔特·本雅明[⑦]和皮埃尔·布迪厄。目前本丛书仍在扩充之中，将会更广泛地涉及为建筑师所关注的众多当代思想家。

亚当·沙尔目前是英国纽卡斯尔大学(University of Newcastle-upon-Tyne)建筑学院教授、亚当·沙尔建筑事务所(Adam Sharr Architects)首席建筑师，并与理查德·维斯顿(Richard Weston)共同担任剑桥大学出版

① 吉尔·德勒兹（Gilles Deleuze，1925—1995年），法国著名哲学家、形而上主义者，其研究在哲学、文学、电影及艺术领域均产生了深远影响。——译者注

② 费利克斯·瓜塔里（Félix Guattari，1930—1992年），法国精神治疗师、哲学家、符号学家，是精神分裂分析（schizoanalysis）和生态智慧（Ecosophy）理论的开创人。——译者注

③ 马丁·海德格尔（Martin Heidegger，1889—1976年），德国著名哲学家，存在主义现象学（Existential Phenomenology）和解释哲学（Philosophical Hermeneutics）的代表人物。被广泛认为是欧洲最有影响力的哲学家之一。——译者注

④ 露丝·伊里加雷（Luce Irigaray，1930年—），比利时裔法国著名女权运动家、哲学家、语言学家、心理语言学家、精神分析学家、社会学家、文化理论家。——译者注

⑤ 霍米·巴巴（Homi，K. Bhabha，1949年—），美国著名文化理论家，现任哈佛大学英美语言文学教授及人文学科研究中心（Humanities Center）主任，其主要研究方向为后殖民主义。——译者注

⑥ 莫里斯·梅洛－庞蒂（Maurice Merleau-Ponty，1908—1961年），法国著名现象学家，其著作涉及认知、艺术和政治等领域。——译者注

⑦ 沃尔特·本雅明（Walter Benjamin，1892—1940年），德国著名哲学家、文化批评家，属于法兰克福学派。——译者注

社出版发行的专业期刊《建筑研究季刊》(*Architectural Research Quarterly*)的主编。他的著作有《建筑师解读海德格尔》(*Heidegger for Architects*)以及《阅读建筑与文化》(*Reading Architecture and Culture*)。此外，他还是《失控的质量：建筑测量标准》(*Quality out of Control: Standards for Measuring Architecture*)(Routledge,2010年)和《原始性：建筑原创性的问题》(*Primitive: Original Matters in Architecture*)(Routledge，2006年)二书的主编之一。

致谢

我在这里要感谢丛书主编亚当·沙尔的宝贵意见和建议；感谢劳特利奇（Routledge）出版社的弗兰·福特（Fran Ford）和乔治娜·约翰逊（Georgina Johnson）的无私支持，以及感谢劳拉·威廉姆森（Laura Williamson）在编辑上的协助。我同样还要感谢玛丽娜·拉图瑞（Marina Lathouri）在这本书的提案阶段所给予的帮助；感谢梅甘·克尔（Megan Kerr）对最终稿的校阅，以及感谢拉涅里（Ranieri）和索菲娅（Sofia）对中间过程稿的校阅。这本书的出版同样离不开这些年间马克·卡曾斯（Mark Cousins）和已故的保罗·Q·赫斯特（Paul Q. Hirst）对福柯思想的解读带给我的指引，以及在写作的最后阶段与伯纳德·屈米（Bernard Tschumi）就事件和城市的议题所作的讨论。我还要感谢波格丹·博格达诺维奇（Bogdan Bogdanovicć）对建筑学知识的重要性的论述，以及已故的罗伊·朗道（Roy Landau）在"AA"建筑联盟学院（Architectural Association）对历史与理论项目的统筹，该项目对我们的研究产生了深远的影响。我也要感谢很多在"AA"建筑联盟学院、中央圣马丁艺术学院（Central Saint Martins College of Arts）和肯特大学（the University of Kent）与我交流过想法的学生和同事。他们的问题与兴趣都支持并影响着这本书的写作。最后，我要感谢肯特建筑学校（Kent School of Architecture）的校长唐·格雷（Don Gray）和人文学院的院长卡尔·莱德克（Karl Leydecker）给我充足的时间来对本书的初稿进行写作。

图表说明

乌普萨拉（Uppsala　）– 福柯（Foucault），版权许可：米歇尔·福柯中心协会（Association pour le Centre Michel Foucault），巴黎。

杰克逊·波洛克（Jackson Pollock），由作者拍摄。

“事件”，由作者拍摄。

《疯癫与文明》（*Madness and Civilisation*），由匿名收藏家许可。

福柯与伯纳德 – 亨利·列维（Bernard-Henri L é vy），由米歇尔·邦奇隆（Michel Boncillon）拍摄。版权许可：米歇尔·福柯中心协会，巴黎。

米歇尔·福柯讲座，由米歇尔·邦奇隆拍摄。版权许可：米歇尔·福柯中心协会，巴黎。

福柯的家，拍摄和许可来自于弗朗西斯科·丰塔纳 – 朱斯蒂（Francesco Fontana-Giusti）。

福柯去世的几周前，由米歇尔·邦奇隆拍摄。版权许可：米歇尔·福柯中心协会，巴黎。

导言

在法国哲学家米歇尔·福柯（Michel Foucault, 1926—1984 年）的思想中，“知识为何？”（Qu’est-ce que le savoir）是一直被重复提及的问题。

那么，这一问题是否会与建筑师产生联系？并且如果答案是肯定的话，这种联系又是被如何建立起来的？为了解释这些疑问，并对一系列在建筑学层面的福柯式探究进行探讨，本书深入研究了福柯思想与建筑本体以及它的知识、设计实践、历史理论和批判性思考之间所形成的重要联系。

总体上讲，本书对于福柯思想的探究主要建立在两条线路上：其一是在福柯宏大的哲学思想中选取出特定的片段进行聚焦式解读；其二是对在福柯的批判性历史观中所涌现出来的建筑议题与实践探索进行深入剖析。因此，我们可以认为，这本书是在打开一个由福柯思想体系与建筑学本体知识相互交叉或者并行涌现所构成的全新领域。由于本书试图在形式上做到简洁凝练，所以我们需要在一开始便对论述对象进行取舍。当然，由于福柯思想本身的广度以及他在论述中以不可思议的方式游走于各种延展探讨和索引之间，因而这种取舍并不会减轻这本书的工作难度。

这本书的另一个挑战来自于，为了交叉式地探索福柯思想对建筑学知识体系的贡献，我们需要对其理论的原有语境进行转移。当然，由于哲学家在进行批判性思考的过程中本就是将知识和概念视为工具，所以这种对静态知识的强制介入和转移同样具有其合理性。因为福柯的观念始终在滑移、运动和发展，并且从来不会固守于静态稳定的语境之中，所以本书在论述时也同样要时刻敏锐地去回应这种思想中的动态性所引发的语境变化，进而形成一种承载着建筑学讨论的有趣媒介。

这种思想的动态性可以被认为是福柯哲学议题中的重要组成部分，并且由于这种动态性的本质，这些议题并不能够被转译为任何应用性的规则范式。可以说，福柯的文字从来不会提供给我们任何一种固态的建构基础；相反，它们始终是在一种类似于考古学或谱系学的场景中运转，并在运转中不断涌现新的议题（Cousins and Houssain 1984）。《建筑师解读福柯》这本书便试图阐述这场涌现中衍生出来的具有建筑学相关性的知识观念与思维架构。

对既有问题进行持续不断的质疑与再组织，一直是福柯思想脉络中的核心基础。在他的生涯中，福柯从来不会进行“理解”，而是去生产“观点”，并且在这个过程中，他的思想持续不断地被自我质疑、扭曲、转变。通过在思想历程中不断增加新的理论观念，他的思维持续地从内部被转化（During 1992: 6）。这其中，对于映射到空间层面的议题的敏锐思考，使福柯的作品一直充满着活力与原动力，并不断地吸引着建筑师群体的关注。

尽管本书会涉及与福柯生平相关的一些地点、城市以及建筑场所，但它并不试图以传记的形式对这些内容进行展开，而是通过在逻辑层面对这些论述进行拓展，以提供一种对于空间、观念和思想的更好理解。

福柯对其作品的总结为本书提供了基本的结构组织框架（Foucault 1998: 459-463）。在这里，他通过一种“思维”将其作品架构起来（福柯这里所用的“思维”是指一种可以决定并建构主客体相对地位以及它们之间关联性的行为）。

通过思维的批判性历史，福柯揭示了在某些情况下，当我们试图通过主客体的关系来建构知识时，它们之间的相对立场便会被建立起来（1998: 462）。 3

本书保持着这一系列丛书简明的形式特征，通过一种当代的视角去重新解读福柯的思想，进而打破并超越目前对其流行化的认知：福柯的思想对建筑学的贡献仅仅涉及建筑的围合、监狱、医院、精神病院等主题。这种常规的流行认知阻碍了我们以更广的角度去理解福柯的作品在建筑层面的影响。因此，本书将指向福柯思想中更加宽广的范畴，在论述中揭示关于知识、考古学、身体、城市空间、美学以及空间性等主题。

第 1 章“立场”通过概述福柯的时代背景、重要历史事件以及他自己在那个时代的论辩中所坚持的立场和路径，来界定出对福柯思想进行讨论的语境。而福柯思想中被揭示出来的最为重要的两个方面将分别对应于接下来的两个章节。

第 2 章“考古学”涉及人类个体（作为认知主体）在思考时所处的状态，并揭示了福柯对于“主体”本身定义的思考：个体应该具有什么状态才可以成为知识的正当主体。这一章主要基于福柯的《事物的秩序》（*Order of Things*）和《知识考古学》（*The Archaeology of Knowledge*）两本著作，并在后半部分对与之相关的建筑案例进行了讨论。

第 3 章“围合”涉及的是知识客体，探讨了在何种情况下事物可以成为一种客观知识。这些讨论具体体现在精神病学、临床医学以及刑罚等领域，并揭示了福柯在这些领域中对于作为客体的“人”所进行的思考。“大禁闭”（great confinement）的流行、收容所的出现、临床治疗以及监狱被不断地与凝视作用以及它作为控制（dispositif）、规训和知识的机制并置在一起进行讨论。这些在《规训与惩罚》 4

（Discipline and Punish）一书中被详细分析的案例标志了福柯向基于谱系学的历史研究途径的转变。同时，这一章还涉及了一些曾经对这些议题进行过研究的建筑师与评论家的思想观点。

第 4 章“身体”关注于性的问题，并对作为一种由个体所接受的客观知识的主体性进行了讨论。这一章的讨论范畴包括自我技术、真理以及古代和中世纪生活的方方面面，并且这些讨论引发了关于“生命权力”（biopower）和城市社会的讨论。最后，这一章节在总结中涉及了曾对福柯这一思想进行过深入探讨的建筑评论家与理论家的相关论述。

第 5 章“空间性 / 美学”分析了福柯对于美学、空间与空间性的一系列思辨。**通过聚焦于福柯思想的动态性问题，笔者试图在福柯不断地发展出吸引读者思考的创造性议题的脉络上进行进一步的推演与建构。福柯的这一思想特征不断地激发着我们对空间议题的检验，并对其中视觉、界面和三维化超验感知等作用的重新审视。**

第 1 章

立场

语境

作为一个思想家，福柯广泛的学术兴趣涵盖了从哲学到心理学再到科学史的多个领域。他不仅阅读了大量的医学和社会科学的历史，同时也对文学和政治议题充满了激情。这种兴趣的广泛性使得福柯成为那个时代中非常独特的思想家，他可以将生活、知识和艺术中相互隔离的方方面面以独特的方式重新连接起来。

保罗 - 米歇尔·福柯（Paul-Michel Foucault）于 1926 年 10 月 15 日出生在法国城市普瓦捷（Poitiers）。尽管他的童年被打上了战争、心理障碍以及某种怪异性的烙印，但是在思想层面，福柯在他的同龄人中十分地出众。1946 年，当福柯来到巴黎，就读于巴黎高等师范学校（École Normale Supérieure 或称 rue d'ULM）时，他接触到了黑格尔（Hegel）和马克思（Marx）的哲学思想。在那时的巴黎高等师范学校，通过让·伊波利特（Jean hyppolite，1907—1968 年）和路易·阿尔都塞（Louis Althusser，1918—1990 年）的作品的普及，黑格尔和马克思的思想受到了极大的重视。而这两位哲学家的作品也对福柯产生了巨大的影响。福柯写于 1954 年的两个早期作品——为路德维希·宾斯万格（Ludwig Binswanger）的《梦与存在》（*Dream and Existence*）一书所撰写的序言以及个人著作《精神疾病与心理学》（*Mental Illness and Psychology*，1954），均是产生于这一语境之下。

同时，在那个时期，感知现象学者莫里斯·梅洛－庞蒂（Maurice Merleau-Ponty，1908—1961 年）也任教于这一学校，并且与让－保罗·萨特（Jean-Paul Sartre）有着密切的联系。

萨特（1905—1980 年）对福柯并没有产生直接的影响。然而，作为 20 世纪 60 年代法国哲学、尤其是存在主义的标志性人物，萨特的思想可以说影响了福柯的大部分生涯。福柯和萨特都对中产阶级社会具有厌恶之情，并且他们都十分同情当时社会中的边缘群体：艺术家、监狱犯人和同性恋者。然而在哲学层面，福柯反对萨特对于主体意识的强调（他称之为“超验的自我陶醉”），因此，他并不认同萨特作为普世的智者的角色。当被问及对于萨特的评价，以及福柯同代学者和他们的前辈之间的区别时，福柯会强调，他与他的同代学者的重要之处在于他们对“概念”以及其上层的“系统”的热衷，从而脱离了对纯粹“意义”的思辨（*Quinzaine litteraire* 15 April 1966）。

福柯对系统的关注主要是受到克洛德·列维－斯特劳斯（Claude Lévi-Strauss）的作品《野性的思维》（*La pensée sauvage*，1962）的影响。在这本书中，列维－斯特劳斯消解了先前所有关于“意义”的神秘性。福柯认为，列维－斯特劳斯以另一种方式证实了雅克·拉康（Jacques Lacan）所揭示的与潜意识密切关联的社会本质——“意义”：

> 只是一种表面现象、一种闪光、一种泡沫，而真正穿透我们、支撑我们、在我们背后、将我们维持在时空之中的是系统（*Quinzaine litteraire* 15 April 1966）。

由于每个系统都基于特定的空间架构，因此福柯在这里提到的系统也便暗指空间的布局。通过将列维－斯特劳斯和拉康进行平行比较，福柯指出了拉康的作品在确定语言系统和结构关系之间关联性时所起的重要作用。作为法国重要的精神分析学家，拉康曾论证，通过病患的身体以及神经症状去探讨的并不是主体意识，而是其所获得的语言系统。这使得福柯认为，“在人类存在之前，这个世界上已经存在话语知识，而它们内部的潜在系统正等着我们去再次发现”（Eribon 1993: 161）。这种被福柯定义为话语知识体系的语言系统是被认为具有其先在性的。因此对于福柯来说，当潜在的系统被揭示出来时，我们对于这些话语知识内容的发现只是顺理成章的结果。

福柯的作品同样受到乔治·康吉扬（Georges Canguilhem）在科学历史与哲学方面的研究的影响。康吉扬（1904—1995 年）是福柯的导师，同时也是他关于疯癫史的博士论文的研究指导者。康吉扬对生物学的批判性研究为福柯之后所完成的对人类科学史的研究提供了一种模型参考。**在加斯东·巴什拉（Gaston Bachelard）的工作的基础上，康吉扬的研究使福柯认识和理解到了科学发展中的断裂与不连贯性，以及概念作为一种表象下的个体性解读在历史中的作用**。康吉扬的理论揭示了科学知识的不连贯性，并批判性地重新审视了概念的作用，验证了概念是由特定历史时期的状况所决定的。康吉扬的这一研究在福柯的思想脉络中占有核心的位置，之后福柯通过引入分别由费尔迪南·德·索绪尔（Ferdinand de Saussure）和拉康所发展出的语言学和精神分析学，对康吉扬的思想进行了巩固与发展。

在另一个层面，福柯也着迷于法国的先锋文学与艺术，尤其是乔治·巴塔耶（Georges Bataille）、莫里斯·布朗肖（Maurice Blanchot）、安东宁·阿尔托（Antonin Artaud）、让·日奈（Jean Genet）、皮埃尔·克洛索夫斯基（Pierre Klossowski）等人的作品（Foucault 1977）。这里，福柯从他们所呈现的直接表象中找到了其关于经验与存在主义思辨的具体例证。福柯尤其感兴趣于人体行为的“阈限的体验”（liminal experiences）——其中常规的认知理解分类将会被逐渐分解。这使得福柯可以从一套完全不同的体验性角度去重新审视概念与知识。

这些多样化的认知观念、艺术和文学语境为福柯在历史批判中所采用的批判性历史思想以及“考古学”和“谱系学”的研究方法提供了基础。福柯的第一部作品《疯癫与文明》（*Madness and Civilisation*，1961）开始于他对精神分析学的研究，以及他对圣安妮（St Anne）这所与拉康有着密切关联的巴黎精神病院的参观经历。《疯癫与文明》完成于福柯毕业后的早期（1955—1959 年），那时他在瑞典、波兰和德国做过一系列外交和教学的工作。这本书是对涌现于 18 世纪末期欧洲的“精神疾病”概念的研究。福柯在书中反驳了在当时看似毋庸置疑的科学真理——疯癫是一种精神上的疾病。而福柯的第二本书《临床医学的诞生》（*The Birth of the Clinic*，

在乌普萨拉（Uppsala）——福柯在他的公寓中坐在餐桌前

1963）更是通过引入 18 世纪末和 19 世纪初的临床医学实践来对这一真理进行进一步的质疑与批判。

随着这几本书的出版，福柯的学术名声逐渐被建立起来；20 世纪 60 年代，他在法国的许多大学中都拥有教学研究职位；而《事物的秩序》一书的成功更使他得到了广泛的认可，并成为法国标志性的人物。之后，《知识考古学》一书完成于福柯在突尼斯居住期间。这本书以一种方法论报告的形式详细阐述了《疯癫与文明》《临床医学的诞生》和《事物的秩序》中所采用的历史学研究途径（“考古学”）。同年，他进入了著名的法兰西学院（Collège de France），并在那里作为思想系统历史学的教授直到去世。

福柯在他一生中的不同时间点上都有过对政治的介入。他早年的政治活动可以追溯到 1963 年的一项政府委任，并且这项委任直接促成了 1965 年的教育部门重组。在这项委任中，福柯的加入一方面弥补了政府在重组过程中对于一位激进学者的需求，另一方面也满足了学生们需要一位学者来代表他们表达对于“大学校”（Grandes Écoles）精英教育和公共大学教育之间巨大差异的不满的要求。之后，在 20 世纪 70 年代，福柯为了使他的更多激进想法能够被落实，从而在政治上变得越发活跃。

在他的同辈之中，福柯的声誉是最为不明确的。一方面，福柯受到了来自许多同事的尊敬和友谊，而另一方面，其他人又对福柯的为人持很强的怀疑态度。这种状态可以被认为既源于他自身的古怪，同时又来自他对规则的抗拒，以及对学术与实践之间边界的模糊立场。

福柯的激进主义在经过 1968 年的验证之后直接被体现为学界与国家之间的关系断裂，这特别体现在樊尚（Vincennes）建立的新的大学中。在这期间，这种关系断裂不仅包括了与政府之间的僵持，甚至同时还出现了与警察之间的身体冲突（Eribon 1993: 201-211）。**在这之中，福柯所作出的巨大贡献是推荐了一批新的学者，并且他利用这个机会改变了法国学界的思辨语境。曾被福柯推荐并在后来十分成功的著名学者包括米歇尔·塞尔（Michel Serres）、朱迪思·米勒（Judith Miller）、阿兰·巴迪乌（Alan Badiou）、吉尔·德勒兹（Gilles Deleuze），其中德勒兹是在福柯离开之后加入进来的。**

福柯是监狱信息组织（Groupe d'information sur les prisons）的创始人，也曾代表多个周边组织进行过抗议。他的《规训与惩罚》作为一本关于现代监禁的谱系学研究著作，便是为了反对传统监狱中的折磨与杀戮。在阐述监禁的改进元素的同时，福柯的这本书同时强调了这种对监禁方式的重构将如何成为一种更加高效的规训手段，以及这种新的惩罚模式如何被应用于对整个社会的控制，包括工厂和医院。福柯的“权力 / 知识”这对概念揭示了，至少在对人类的研究中，权力的目标与知识的目标是不可能被完全分开的。

在法国之外，福柯还在欧洲其他国家以及日本、美国进行讲学。这其中包括了在加利福尼亚大学伯克利分校（University of California，Berkeley）的常规教学工作。福柯最后的作品来自他在生涯晚期的性史研究中对古代世界的探索。《性史》（*The History of Sexuality*）一书被计划以多卷的形式进行出版。第一卷《导言》曾以《认知的意识》（*Volonté de savoir*）为书名出版于 1976 年（Foucault 1987a）。而计划中的第二卷《肉体的忏悔》（*The Confessions of the Flesh*）未得以出版，所以《快感的享用》（*The Use of Pleasure*）和《关注自我》（*The Care of the Self*）最终作为第二卷和第三卷出版于 1984 年（Foucault 1987b and 1990）。

并行于《性史》的后两卷的写作，福柯的政治运动方向也发生了改变。他开始感兴趣于探索国家如何能够拥有促成人民幸福的这一特殊职能。这一探索所涉及的主题的核心机制是每个个体都构成他们自身，并且每个个体关注于对自由和自我的探索。福柯的这一思想转变有许多源头，其中也包括他在美国伯克利生活的那段时间。加利福尼亚州可以被认为包括瑞典乌普萨拉（Uppsala）、华沙（Warsaw）、德国汉堡（Hamburg）和突尼斯（Tunisia）在内的福柯所生活过的一系列地点之一，这些地点都成为福柯作品的催化剂。

1981 年，福柯作为法国社会党派（French Socialist party）代表，在政府中所受到的支持十分短暂，之后他很快便表达了其对政府在监狱问题上所持有的漠不关心态度的不满（Revue de l'Université Bruxelles 113，1984: 37）。而在政治活动中的无力感导致了福柯向美学方面的兴趣转向，以及他对于"自我"概念的探索。最终，由于受到艾滋病的折磨，福柯于 1984 年 6 月 25 日在巴黎去世。去世之后，福柯在法兰西学院的讲座被正式以书籍的方式出版，这其中涵盖了许多对他思想的重要解释与补充。

受老师康吉扬的影响，尽管福柯的主要兴趣在于探究真理背后的历史背景和社会效应，但是他同时也始终保持着科学现实主义者的身份立场。福柯曾写到他对康吉扬的赞美：

> ……在科学的历史中，虽然一个人不能完全以真理作为前提，但他同时也不能在工作中与真理本身或者真理和假象的二元对立脱离关系。只有在真假秩序的参考下，历史才可以显现出其特殊性和重要性（1985a: 3）。

因此，我们也可以认为福柯是一位理性主义者。当他在讨论这种与科学领域相关的议题时，他仍然遵循着从法国哲学家奥古斯特·孔德（August Comte，1798—1857 年）到皮埃尔·迪昂（Pierre Duhem，1861—1916 年），再到加斯东·巴什拉和路易·阿尔都塞等人的传统。

米歇尔·福柯既是一位伟大的学者，同时又具有一些怪异的人格。他既可以在法兰西学院拥有享誉盛名的职位，他的一生又包含了自杀倾向、精神崩溃、一段短期的监禁、一份警方的案件记录以及最终的早逝。他是一位人权激进主义者，同时又不避讳地宣称自己对女性的厌恶。**既高度政治化又极度个人化，福柯可以游刃有余地将两种完全对立的方面投射到他本人的存在之中。借用他的同事杜梅齐尔（Georges Dumézil）的评价，米歇尔·福柯戴着多重的面具**（Eribon 1993）。

这种在“学术的”和“越界的”行为之间进行调和所呈现出的复杂性是十分难以把控的。福柯在最初也由于他的性取向而遇到了很多麻烦，因此他往往把他的私人生活隐藏起来。另外，尽管在改变人们对于疯癫、监禁和性议题上的感知和态度方面，福柯起到了重要的作用，但他从来没有在公众面前呈现过其自身在这些体制关系的变化中的映射状态（Eribon 1993: 154）。

抵抗边界

福柯作品的魅力之一在于他对学科边界的抵抗。他的思辨往往具有自己的特殊逻辑，从而不会受到通常的主题领域之间的边界限制。同时，福柯的作品拒绝那种传统哲学著作为了突显其重要性所需要的固有解读方式。尽管当今我们已经非常习惯交叉学科的研究，但是福柯完美地在学科和主题之间任意切换的技巧仍然可以被视为典范。

这种作品的开放性可能缘于福柯的思想未曾在传统的思

辨语境下展开。他在辩论中具有极高的精确性，通常会将论点推至乔治·杜梅齐尔、让·伊波利特、朱尔·维耶曼（Jules Vuillemin）、费尔南·布罗代尔（Fernand Braudel）等对谈者难以反驳的境地（Eribon 1993: 61–98）。

福柯坚持认为，任何一种主题下的探索都不应该具有固定的研究方法与途径。他认为，对思维方式进行“不加质疑的分流”（unproblematicparcelling out）是不可取的；通过遵循被假设为正确的方法路径来形成一种研究中的安全感，是十分愚蠢的行为。福柯认为，当我们研究历史时，需要在理论层面不断地审视其方法以及由这些方法所形成和衍生的结论（Cousins 1989: 126–139）。而这一观点同样适用于建筑历史研究的方法、途径和结果。

福柯所探讨的这一自 18 世纪开始便出现的人类科学研究转向显著地呈现在许多学科中，其中也包括建筑学。法国的建筑学曾在 18 世纪末和 19 世纪初变得十分理性化，因此丧失了许多超越经验的特征。除了像安东尼·维德勒（Anthony Vidler）对 18 世纪法国建筑学所进行的批判性历史研究（1988、2011）对这一议题的重要贡献，我们还可以基于这一思辨，在重新审视城市政策的建筑标准和规则中拓展对建筑学的探索。

不可言说的建筑学

福柯的思辨在建筑学和城市学中的投影可以反映在不同的层面上：在知识 / 话语以及话语实践层面；在建筑对社会关系的影响层面；在身体政治和“生命权力”的层面（福柯的这一概念指涉通过某种技术和方法达到对身体和人群的控制），以及在空间美学的层面。

福柯的思想对于建筑职业本身的批判性反思同样具有重要意义。他曾分析过职业的本质属性、特定语言、构成的不同类别、以及为了扩展在社会中的影响而建立的体制架构。福柯认为，只有通过上述这些方面，职业才得以维持其独立和独特的状态。

14　通过揭示“社会”、“平等”、“自由”等概念正在经历的认知危机（并且建筑学在这一危机中也未能幸免），福柯提醒我们，由于建筑师的工作在任何时刻都或多或少地建立着、决定着或破坏着人们的自由，因此我们需要时刻保持高度的批判性。我们不应忘记，建筑学不仅影响着人们的生活、人们占有和使用空间的方式，同时也涉及个体在美或者规则等“美学－伦理”（aesthetico-ethical）议题上的感受。

在数字化和全球化网络时代，建筑学同样处于一种自我反思的过程中。除了表象上的变化，新的交流方式也已经取代了那种非政治化的或者完全平等开放的传统体系。**当曾经直观的民主、政府、政权被当今不受公共监视和选举义务限制的全球化经济边缘化时，米歇尔·福柯的研究也引发了新的兴趣。这意味着我们可以开始提出新的问题，例如：当今决定知识和权力关系的潜在语境是什么？**这种新的现象是如何涌现出来的？在数字化、瞬时信息化和全球互通化的过程中，什么被改变了？什么没有被改变？更多的问题如，被福柯转译至思想和空间领域中的认知开放性，是否能够继续挑战那些在稳定的现状中过于舒适和安逸的人群——政客、银行家、开发商、管理者、建筑师、学者等群体的牢固地位？这种开放性能否为引导我们找到一种可以通过前所未有的空间和观念来建构更加积极和美好生活的建筑学？

15　在他的文章《空间、知识和权力》（*Space, Knowledge and Power*）中，**福柯解释了他如何将建筑理解为“一种支**

撑元素，去确定人在空间中的某种特定的分布方式、某种特定的流线网络以及他们相互间特定的关联规则”（1991b: 239-257）。进而，他认为空间效果对于社会关系是具有决定性影响的。

总的来说，福柯对建筑学及其历史的理解局限在法国的语境中。在他对人类科学的考古研究中，他仅仅参考了维特鲁威（Vitruvius）的论著，明显忽视了15、16世纪产生于佛罗伦萨和威尼斯的一系列建筑学论著。**然而同时，在法国，权力和知识在社会关系中的具体化呈现是十分显著的，正因此，这种十分聚焦的建筑语境使得福柯的作品能够成功。**

16

福柯的研究建立在18世纪及其之后的法国社会的基础之上，例如他所界定的作为权力分配渠道的城市规划设计和政策领域。这使得福柯认为，建筑师的作用被限制在了基于权力关系的整体社会语境之中。根据福柯的论述，建筑师并不具备医生、精神病专家、法官、狱警那样的权力。从某种层面上讲，福柯认为个体仍然可以掌控他们自己的空间，而建筑师无法介入和决定人在这些空间中的栖居方式。这暗示了私密性的栖居是抵抗社会权力关系的终极场所。

在对建筑师的自我中心认知的进一步批判中，福柯辩论道，由于自由是一种需要通过生活和实践而争取的东西，因此这个世界上并不存在所谓的自由建筑。尽管建筑师自我宣称具有建立自由的责任，但是福柯认为自由并不会成为隶属于某个建筑物或建筑空间的本质属性。福柯对勒·柯布西耶（Le Corbusier）和现代主义运动十分熟悉。**他认为当时对勒·柯布西耶的批判以及将现代建筑先驱看作“斯大林主义秘密协作者”（crypto-Stalinist）的论断是过于夸大的和不公正的。对于20世纪80年代现代主义与后现代主义的争论，福柯的态度是折中的。这些都非常清晰地显示了他在为现代主义进**

行辩护中，对其趋向理性化立场的理解和赞同。同时我们也可以看出，福柯一直都十分反对并且不屑于任何形式的历史主义（例如对某段历史时期、地理位置或是文化形式的重要性过于强调的思维范式）。

17　在另一个层面，我们需要强调的是，福柯对于空间和空间类别是十分认同的。然而并不能简单地认为，福柯关于精神病学的思辨来自收容所的空间观念；他对于医学和刑法历史的研究涉及有关诊所和监狱的空间类型。福柯的思想本身就已经被高度地空间化。这种思维方式至少包含着三种空间模式：a）空间隐喻——主要出现在其早期的文章中；b）空间与建筑作为一种空间化思维的模式类型——主要出现在《事物的秩序》和《知识考古学》中；c）建筑作为一种社会性思辨与实践的延伸——例如在《癫狂与文明》、《临床医学的诞生》以及《规训与惩罚》中。

福柯以非常个人化的方法致力于他自己的激进思想之中，这意味着他在一种不同的空间里开启了他的批判性思辨，进而解开了对于权力的思考。这种思维开放性所释放的力量是与先前的压抑程度成正比的。从福柯的视角看，过去与现在被同时放置在聚光灯下，从而揭示出，我们在过去所经历的认知、理解和道德层面的一切都与当前有着巨大的差异。

福柯认为他的论断应该被用来挑战、分析和拆解社会中权力与压迫的关系。为了理解我们的知识如何建立在它背后的隐形决定结构中，我们必须具备在特定语境中解放思维、解放自我的能力。由于多种不同的原因，这种思想的解放并不容易实现。因此，福柯认为，我们应该在任何具有自身知识构成体系的学科中重新建立我们的自我映射。

18　在社会层面，福柯批判性地检验了民主的本质基础。他论述道，由于革命本身的发展形式是一种典型的现代民主，所以在革命中建立起来的政治架构往往是与社会管理机制相脱离的。进而，例如启蒙时期的“平等”或“公正”并不能真正地在个体层面实现。因此根据福柯的观点，这一时期的权力和政治几乎是悄无声息地逐渐相互脱节了（Donzelot 1979; Pasquino 1978; Rajchman 1985）。

这也从某种层面上解释了当福柯被问到“哲学家在社会中的作用是什么？”这一问题时的回答。福柯答道：

> 哲学家并没有具体的社会层面的作用。哲学家的思想并不能与当前群体的运动产生直接联系。苏格拉底（Socrates）是一个完美的例子：雅典社会可能会将他视为颠覆性的，因为他所提出的问题并不能被接受并用于建立对应的秩序。**在现实中，一个哲学家的作用只有经过一段时期之后才可以被认识到；简单来说，这是一种回溯性的作用**（Carrette，ed. 1999: 85）。

这同时也解释了他对接下来另一个问题“你如何将自己整合到社会之中？”的回答：

19

> 整合我自己……？你知道的，在19世纪之前，哲学家的身份都是不会被认识到的。笛卡儿是一位数学家；康德教授的并不是哲学，而是人类学和地理学。而且你学的是修辞学，也并非哲学，所以哲学家的身份并不需要被“整合”……（1999: 85）。

在深入思考学科地位转变的过程中，福柯揭示出了人文学科的职能变化。这些学科并不再像之前那样，如同自由艺术般地沉迷于解放性的和超越经验的力量。它们现在逐渐变成了另外一种形式的训练，或者某种传播文化资本的途径。我们可以暂时在这里给建筑学一个类似的评述。建筑学是否

也在潜移默化地将其自身消解为固化的知识体系，并逐渐变成一种服务于经济目的的训练手段?

第 2 章

20

考古学

人类科学、知识与建筑

福柯在《事物的秩序：人类科学的考古学》（*The Order of Things: An Archaeology of the Human Sciences*）一书中对人类科学起源的探索在当时具有极大的突破性和广泛的说服力。在英译版的前言中，福柯指出，这本书涉及一个被一直忽视的领域。由于传统的科学历史只讨论数学、天文学、物理学等严谨的科学学科，所以在这些历史中，人类所观察到的只是“真理和纯粹理性在具有高度连续性的状态下的涌现过程”（1991: ix）。然而，**其他像语言学或经济学等关乎人类自身的学科，由于往往包含太多经验主义思维、机会、图像或是传统中的模糊性元素，所以并不会被认为是科学，进而也不会被认为具有与之相关联的历史发展脉络**。福柯在《事物的秩序》中所论述的正是这些基于不稳定学科的、经验性的、非精确的、不具备确定性的知识——例如思想状态、思潮、古语的组合、猜想以及直觉等。

尽管福柯在这里并没有直接、具体地指涉建筑学，但是我们可以意识到，融合了多种不同实践性、科学性和美学性技能的建筑学知识，完全契合于这一学科类别。在不同的时期，这种多重混合的建筑知识会根据不同的规则进行重组。15、16 世纪的建筑学著作明显地显示出缺乏秩序的状态和不确定的经验性知识，这在那时变成了一个严重问题。这使得马克－安托万·洛吉耶（Marc-Antoine Laugier，1713—1969 年）

21

以及同时代的其他学者都试图在他们自己的著作中纠正这一问题。进而从 18 世纪开始，如何对建筑知识进行重构成为建筑师争辩的内容之一。

因此，对于人类科学当中的考古学，福柯提出了这样一个重要的问题："如果在某个特定时期和某种特定文化中，经验性知识拥有一种严格定义的规律性的话，这会带来何种不同的效应？"（1991: ix）在《事物的秩序》中，这一问题被展开为三种相互平行的分析阐述：对语言规则的分析，对生命个体的分析，以及对经济状态的分析。这些分析涵盖了从 17 世纪到 20 世纪的全部历史时期，然而这些工作不仅仅针对特定的时期本身，例如它不会刻意去揭示某一时期的既有特征。**《事物的秩序》可以被看作一项比较性研究：它试图在同一种统一的语境下探索和比较不同的事件。它不仅仅揭示了与语言、生命个体或是经济研究有关的现象的基础动因，同时还通过它们相互间的比较去观察和检验了这些现象的内在规则，从而阐述出在某一时期隐藏在知识背后的决定性因素。**

22

福柯曾建构出这样一个理论：每个历史时期的特征都可以被一种基本范式（可以理解为一种特定的评价标准）所界定，这种范式描绘出每种具体知识类型的文化产物——认知范式（episteme）。认知范式是被所有的知识类型所共享的。它是一种决定和形成所有相关学科和作品的先行语境。**福柯反对传统科学历史研究方法中通过建立一种所谓"影响"的概念来阐述这一议题。他并不认为这种新的类型是某种被忽视的要素，从而需要被重新恢复。相反，福柯试图引入一种与之不同的概念，称之为"主动的潜意识认知"**（positive unconscious of knowledge）。**这种潜意识认知可以使所有获取知识的过程成为可能，并且这种潜意识认知需要人类的想象去思考知识的可能性。**

通过对“认知范式”进行详细的阐述，福柯意图重拾在文化本身的秩序规则与我们对这种规则的反馈之间所存在的某种对文化的具体体验。他将这种体验命名为“对秩序的纯粹体验”（pure experience of order）（Foucault 1991: xxi）。福柯所提出的这一观点，在建筑历史的学术研究中经常被忽视，这些研究通常只是直接触及档案本身，而不去探讨它们背后的秩序规则以及我们对这些规则的感知。

23

《事物的秩序》的序言对这种错综复杂的思想进行了阐述。其中，有一段来自博尔赫斯（Borges）的文字，引用了一本中国的百科全书以及它对动物的奇特分类方式（Foucault 1991: xv）。在学习这种在当今流行或不流行的分类法时，我们的思维会陷入与这种分类思想的扭曲构成形式的抗争之中。当相互隔离的概念由于它们之间以及它们与我们的思维模式之间所存在的不同基础（或者任何形式的交集），从而不能被统一地进行认知时，它们会继续保持在不同的空间之中。在阐述这种作为一种虚无的或是静默的场域的“基础”在形成概念过程中的重要性时，福柯清晰地展示了在人类生产思想过程中，用以建立在这种共享连续基础上的空间机制（Foucault 1991: xvii）。

宫女（Las Meninas），相似性与再现

《事物的秩序》中，最为著名的是以画作《宫女》为论述对象的开篇。这篇具有高度图像性的第一章节，据说源自福柯的事后想法（Eribon 1993: 155）。这本书中，围绕着四个世纪所进行的相互紧紧关联的分层论述与《宫女》章节毫无关系，所谓的“开篇”其实为整本书提供了一个阐述欧洲文化中“认知范式”转变的案例。接下来，我将详细阐述这个案例如何揭示了一种从相似性模拟所主导的时代向再现式的时代进行转变。由于迭戈·委拉兹开斯（Diego Velázquez，1599—1660 年）

的《宫女》恰巧完成于一个转折性的时间点。在那个时期，语言的作用与视觉媒介的作用正经历着大规模的变革。正是由于这一原因，福柯对这幅绘画进行了深入的研究。他的目的并不仅仅是探究其中对菲利普四世宫殿房间的描绘，而是去揭示其背后支撑着生活、权力关系和艺术职能的更加广泛的“认知范式”。**因此，福柯对委拉兹开斯的这幅作于 1656 年的画作的分析，实际上是在检验其整体构成、视线设置、前景 / 背景差异、不同角色的位置和外貌（在镜子中、在绘画中或是同时在两者中）等元素背后的“认知范式”的构成方式。**他研究了画作如何通过画布的复杂性和多种焦点的分布，在观者和所描绘的图像之间建构出一种不确定的关系。

24

福柯认为,《宫女》是一幅完美地展示了“绘画式再现”（painterly representation）的、具有高度复杂性的画作。他论述道，由于“整幅绘画都朝外望向一种场景，进而它本身也便成为一种场景、一种纯粹互望式的状态……”，委拉兹开斯从而得以模糊观者的视点（Foucault 1991: 14）。最终，我们已经不再明确地知道谁或者什么是这幅绘画的主题：映射在镜子中并且决定了画家朝向的国王与王后，或是围绕在年轻的公主身边的人群，抑或是正在绘画的画家。关于这种主题定位的转变，福柯论述道：

> ……处于这种散布方式之中，所有元素既紧密组织在一起，同时又在我们面前不断地被分散，这在任何角度都可以被认知为一种本质上的虚无；这种必要的消失是它被建立的基础——这里既包括被临摹的人的消失，也包括认知到这只是一幅肖像绘画的观者的消失（1991: 16）。

事实上，如果我们将这种建构方式与 15 世纪绘画中观者的位置进行比较的话，会发现两者的情况是完全不同的。15

世纪绘画［阿尔伯蒂（Alberti）的历史画——通常是圣经故事］的主题会被清晰地展示给观者去观看、解读和思考，**福柯论述道，然而在《宫女》中，主体的位置是完全混乱并被忽视的。这使得再现过程可以从曾经限制它的主客体关系中解放出来。如此，再现可以以纯粹的形式将其自身展示出来。**[25] 曾经限制再现过程的是，在中世纪晚期和 16 世纪，主要通过相似性的体系将其自身建构出来的思维架构。这种相似性体系使得主体只能去理解那些他们可以识别的符号。如此一来，这种思维架构也便被主体所限制，并且被主体的认知、感知和想象力所决定。**17 世纪中叶涌现出的再现式体系不再基于上述的限制。图像变得更加直接、精密和稳定，从而逐渐开始独立于主体认知。**

与上述现象的出现相互并行的是，17 世纪的知识流通更加集中在不断激增的带有图像信息的印刷物中。带有图像的著作被不断地翻译并出现在欧洲的各个主要城市之中，比如帕拉第奥（Palladio）和维尼奥拉（Vignola）的著作。这些著

福柯对委拉兹开斯的《宫女》的研究是在试图解析绘画的基本语境、尺寸、空间分布、景框以及与观者之间的权力关系。我们同样可以在观者对杰克逊·波洛克（Jackson Pollock）的绘画的观看中剖析出同样的甚至更多的语境

作与 15 世纪阿尔伯蒂的《建筑论》（*De re aedificatoria*）这类没有任何图像信息的书籍相比，具有非常明显的差别。委拉兹开斯非常敏锐地认识到这一变化趋势，并通过向观者揭示出图像的内在秩序，从而将这一变化趋势体现在自己的绘画创作中。

26 这一观点曾在休伯特·达米西（Hubert Damisch）关于透视起源的著作中被提及起来。他从著作最开始便直接指涉福柯,并指出福柯揭示了“透视中所蕴含的无穷的探索式力量，以及作为一种思维模式的透视，持续地对更加广泛的领域产生影响和启发作用的价值”（Damisch 1995: xiii）。达米西总结道，福柯对《宫女》的剖析建构出一个与人类永无止境的感受性相关联的哲学议题（1995: 425-426）。引用列奥·施坦伯格（Leo Steinberg）的论述，任何对委拉兹开斯画作的描述都应该保持不充分和不完整。这是因为《宫女》本身作为一件艺术品已经达到了一种特殊的状态，这种状态就如同一段乐曲可以引发出无穷无尽的多重理解和感受一样（Steinberg 1981: 45-54）。这段论述是对福柯在理论和文化层面对这幅绘画进行的分析所形成的贡献与影响的高度致敬。

在《事物的秩序》中，有关《宫女》的论述之后，紧接着的是名为“世界的平铺直叙”的重要章节。在这里，福柯回溯性地描述了 15、16 世纪中的“相似性体系、他们内在的‘认知范式’、以及这一‘认知范式’在形成对世界的认知时所起的作用”。这一章节既具有详尽的解释说明，又包含了对档案材料富有激情的论述。**随着福柯不断深入揭示相似性系统如何在这数百年间影响着写作以及对文本和事件的理解，读者仿佛亲身参与到这段人类知识的历史发展进程中极其不寻常的阶段。相似性（其最具创造力的四种形式是适合、效仿、类推和交感）像是无处不在的、不可见的丝线，组织着符号**

27

间的碰撞，并支撑着知识的整体架构。福柯论述道，相似性正是通过这种方式将生活与知识的方方面面整合起来，我们才得以维持一种对世界的统一认知。

这些对原先的相似性体系和后来的再现性体系的对比解释是非常具有原创性、正确性和深刻性的。然而，不同于在福柯其他涉及当代议题的作品中那些为世人所熟知的方面，这里所论述的思想层面转变并没有得到完全的认可。这是因为我们离相似性认知的时代太过久远，并且无法真正地接触到那些知识。**从这个意义上来说，福柯的考古学方法是在欧洲思想历史上一段很长的时期之后，通过提取当时知识系统的运转机制，挖掘出了通向从前的思维方式的入口**。而由于福柯所解开的思想范式已经有数百年不被涉及了，所以我们很难真正地掌握这一范式的本质。也正是因此，福柯在书中试图完成的便是从久远的历史文本中唤醒那些长期沉睡的思想，并重新展现从“世界舞台”（scaen amundi-the world stage）的层面来理解我们所处环境的可能性（Foucault 1991: 17）。 28

在组织这场历史探索的过程中，福柯为我们理解 16 世纪的文本和知识提供了一种导引。通过回溯那些被遗忘的议题，福柯在那些（先前的）模糊的著作、它们在古代的先例以及当今我们对这些文本的解读之间建立了一场对话。福柯阐述了古代如何被理解成一个空白的、充满着尚待发现的事物的空间，以及预言（divinatio）和博学（eruditio）曾经如何作为同样的思想体系的组成部分而存在（1991: 33-34）。**在这些论述中，福柯详尽阐述了在 18 世纪中所形成的认知断代的本质，进而在西方思想历史中建构出了一条缺失的因果脉络，而这也是这本书在当时就被认为是一项巨大成就的原因**。

29 通过揭示语言、自然物以及经济交易（其中包括了再现性类别的涌现和运转）在平行发展过程中的内在秩序，《事物的秩序》概述了文化建构并维系着这种事物秩序的方式。而这种秩序也同样体现在建筑与艺术的发展中。当今建筑与艺术的批判理论已经开始涉及它的内在意义。

在《网格之书》(*The Grid Book*)中，汉娜·希金斯(Hannah Higgins)对一种交叉议题进行了概述。希金斯通过引入十种不同的网格:砖、平板、网格化城市布局、地图、音乐符号、账本、屏幕、活字印刷、批量生产的盒子以及网络，使读者认识到，是什么样的历史语境决定了我们对“网格”含义的理解和使用。进而，希金斯通过一种考古学的方式罗列了这些网格概念被运用的多重方式。为了给她的论述提供一个批判性的背景语境，希金斯引用了福柯对于知识的思辨，并进一步将知识定义为“一种社会流体的传递者”(Higgins 2009: 185)。希金斯在书中对《事物的秩序》进行了充分的回应。她论述道，正是作为透视绘画的屏幕的网格预示了现代科学、经典机械学以及荧幕艺术的出现(2009: 189)。

断层与“认知范式”

福柯在人类科学的考古学中定义了欧洲知识的发展历史中两个巨大的断层: 其一大约出现在17世纪中叶，是他所界定的“古典时期”(l'âge classique)的起源; 其二出现在19世纪初期，标志着现代时期的开端。

这些发现打断了传统中我们对于明显衍生、发展于同一机制下的西方文化的连贯性的认知。**随着对政治性“认知范式”等思维模式所进行的更加深入的考古学探索，福柯逐渐揭示出一种完全不同的内在逻辑，而思想层面的近似连贯性对于福柯来说只是成为一种表面现象**。因此，“认知范式”的作用成为在一个特定的历史时期、一种特定的文化背景下去标示、建构和映射出普遍知识的内在机制。通过与考古学相结合，“认知范式”揭示出了能够将那些曾被掩盖的思想呈现为具体观点的潜在可能性。福柯论述道：

> ……对于任何情形而言，有一种方式是完全确定的：考古学，其涉及知识的整体空间、构成形式以及其中所展现出来的事物的存在形式，并且它定义着知识背后的同步系统，以及其可能衍生的一系列变异形式，这些形式可以并且可能限定出一种新确定性的阈值（Foucault 1991: xxiii）。

因此，福柯认为，我们有可能在整个漫长的18世纪中的相互割裂的知识（再现的理论、语言的理论、自然秩序的理论以及资本与价值的理论）之间建立起一系列新的联系。进而，在19世纪初期出现的断层意味着，这些受再现体系控制的知识类型逐渐消失了，与此同时，新的知识不断涌现出来。这个现象的出现便是源于当时一种详尽的分类学方法的广泛传播。这种分类学在一个整体的基本架构中映射、分布，再现了不同学科的内容，而其中最好的案例便是狄德罗（Diderot）和达朗贝尔（d'Alembert）编撰的百科全书。

31 **这些涌现于19世纪的新知识引起了我们对于史实性的深入关注，并且揭示了由连续的时间所指涉的秩序形式。福柯认为，由此，事物很少再被从（空间）序列的角度来审视，而是更多地从（时间线上的）内在发展的视角来思考。**在这方面，对货币交易的分析变成了对政治经济的探究；生物分类被生物学所取代；而福柯认为最为重要的是，语言失去了它的重要地位，并开始在哲学中被作为“一种与其自身先前的密度相关联的历史形式”来研究（Foucault 1991: xxiii）。

32 随着在时间线上被观察到的内在发展规律变得越发重要，这种规律在化学、医学、建筑学等其他学科中的地位也变得越来越显著。先前主要建立在塞鲁·达金库尔（Seroux d'Agincourt，1730—1814 年）等人所建构的分类法基础上的建筑学思想体系逐渐被对建筑和结构内在起源的追溯所取代。在 19 世纪建筑学的语境中，戈特弗里德·森佩尔（Gottfried Semper）的理论著作《建筑四要素》（*The Four Elements of Architecture*，1851）提供了一个很好的例子。在这里，建筑的起源被四种主要建筑元素的内在发展规律所展现：壁炉、屋顶、围墙、高台（Semper 1989）。

这种被内在性（内部结构）探索所驱动的自反性以同样的方式涉及对人类本身的研究之中。福柯论述道，从而，**人类开始进入这一领域，去研究人类自身的解剖、进化、类型，以及不同种族的发展变化，并且最终导致了人类学和心理学的出现。同时，建筑学知识也开始聚焦于建筑物的内在性，引发了对建筑室内与结构的更多关注。而当建筑学关系到人类栖居时，我们也自然更多地关注于居住建筑的内部，这为现代主义建筑师对住宅的功能分析作了重要的铺垫，并且最终促成了功能主义的涌现。**

33

人类的场所变成了一种主体的场所，而主体本身通过已经在思维过程中完全建立起来的对科学规律的信心，在不断地映射着周围的同时，也被周围所映射。这一认识促使福柯进一步论述道，从长远的角度来看，“被我们所认知的人类并非一种有着悠久历史的发现，而是一种刚刚被揭示的知识体系中的空隙”。他继续补充道：

> 然而，这种想法是令人激动的，是一种极具安慰性的源泉。人类本身仅仅是一种近代的发现，一种不超过两百年历史的存在，一种知识体系中的全新组成部分，并且当知识衍生出一种新的形式时，它又会再一次消失

（Foucault 1991: xxiii）。

这个经常被引用的论断毫不相关地出现在了《事物的秩序》中导论的结尾部分，具有一种令人吃惊的作用，并且这种作用持续阻碍着我们去理解这段文字的全部意义。当我们认识到我们所熟知的“人类存在”已经在其逐渐消失的过程中时，我们的自我认知便又一次被打断了。

这种被福柯所预见的断层或许已经伴随着我们了，就如同我们的研究重心已经从人类自身转向周围环境，并且这一转向已经对建筑学产生了直接的影响。

作为一种差异的考古学

考古学研究带给建筑师的什么贡献是其他研究方法所不能提供的？考古学与被称之为“思想历史”的领域是否有差异？ 在《知识的考古学》中，福柯对这些问题进行了详细的阐述，并通过一系列探索，明确了这种研究方法的关键独特性。

这些探索包括了一种对过往与废墟进行研究的全新方式——其认为应该在一种没有先验意识的状态下，将它们视为“遗迹”。这种方式需要在某种外在的视角中被建立起来。根据福柯的观点，遗迹并不是想法、再现、图像或者思辨的主题，而应该被视为包含着清晰的、却又未被完全认识到的脉络与痕迹的某种事物。

福柯推论道，这种不带任何偏见的外在性思维会反过来允许某种新事物的涌现，并且不会试图去重新揭示那些将既有学科相互稳定地联系起来的连续属性。这里所强调的是对任何一个领域进行探索都必须具备的具体语境——无论建筑

34

学，还是科学的历史。**在这种意义上，福柯并不感兴趣于指涉某个具体的个体，或者注明某个现象的日期，而是去挖掘当时使某种思想或实践成为可能的特殊环境状况**（Foucault 1985: 136）。

在建构这种“考古学”的过程中，对权力的怀疑，以及对教育机构以知识的名义去宣称和理解的权力的怀疑，不断地推动着福柯的思考。这种怀疑态度也使得他在广义层面上对“理解”这一概念本身也感到不安。**根据福柯的观点，如果我们永远无法真正地去理解，那便是因为没有任何事物是真正需要被理解的；由于“任何事物总是已经被仅仅理解过”，所以去揭示一种“本源的含义”或是一种稳定的“语境”的行为都是滞后的**。这个状况在政治和机能建构层面都有着巨大的影响，它使得机构中的“重要研究者”具有更大的特权（Foucault 1971: 192-201）。

35

这也是为什么在这种建构出的考古学中，福柯会严苛地论证知识的存在状况、它的涌现、流通以及在个体上的影响，并推论下一步的发展情况：

> 在同样的方向上前进一小步，然后再退回，如同在螺旋中形成一个新的转向，并且就像我在着手做的那样短暂，我希望可以这样展示出我的发言立场；去揭示一张使得这些探索以及一些其他我从未实现过的探索成为可能的空间地图；简短地说，给我从未解释过的“考古学”一个明确的意义（Foucault 1985: jacket）。

对于福柯来说，这个延伸的领域几乎没有明确的边界。原因从其定义便可看出，“边界”总是会导致思考的受限，进而会降低对话的多样性，并且这些对话只能在孤立的状态下发展。由于政治上的原因，福柯向往一种并非那么迷恋于“光晕”（普遍含义）的世界。福柯相信，对“人文”、“艺术”、“建筑”等概念的兴趣是通过管理现代社会的机构来模糊个体与知识之间的关系。由于目前对现代社会（包括学术界）的管理较少地关注个体与知识之间的关系，并且相反地，后资本主义社会更多地聚焦在与表现性相关的知识上，因此福柯的这一论断有着比以往更高的社会关联性（Lyotard 1979）。

阐述、事件、话语形构

36

接下来，我将谈到那些对于福柯的《知识的考古学》十分重要的概念类别。**其中涌现出来的最为重要的两个概念类别分别是阐述（énoncé）和事件（événement）。简单来说，这两个类别与被涉及的现象之间保持着直接的联系；对于福柯来说，这两个类别都尽可能地独立于任何形式的媒介。**

“阐述”可以被认为是一种近乎被遗忘的基本话语单元，它被用来直接说明或表达一种声明、一种主张。正是因为如此，对于福柯来说，“阐述”在任何对话中都具有重要的功能。为了从复杂的叙述中解放语言，福柯认为，我们需要将“阐述”从它最初所涉及的事件中隔离出来，就如同“阐述”是在最初直接闯入进来的——例如，它们在最开始便已经被阐明。因此，福柯为在全新的对话单元中重新书写“阐述”打开了一条道路。话语形构构成了福柯方法论的一部分。福柯在对它的解释中论证了为产生新的话语形构所需要的“隔离”过程与状况：

> 无论何时，一个人都可以在一些阐述之中描绘出这样一种分散的系统；无论何时，一个人都可以在一系列物体、阐述类型、概念或是主题选择之中定义出一种规则（秩序、关联、位置、功能、变化）。因此，简单地说，我们可以

认为我们一直在处理着话语的形构（Foucault 1985: 38）。

37 没有给出任何具体的例子而只是运用隐喻式的论述，**福柯将话语描绘成“一种过程中的作品”、短暂地固定着的“物与词的交集”、一种“与事物紧紧链接着”的“语言网络”。他坚持对任何优先的、固有的话语形式保持怀疑态度，因为这些形式会限制更加广泛的沟通，并且会阻碍新的想法的涌现。**通过在批判性分析的基础上进行论述，我们可以察觉到词汇与事物之间原本紧密的关系在逐渐变得松散，并且适合于话语实践的规则正在不断涌现。福柯在这里采用了一个建筑层面的隐喻：

> 在一个体系的可见立面的背后，一个人可以假想出一种由杂乱所产生的高度不确定性；同样，在话语松散的表面之下，一个人也可以假想出一个正在无声发展的整体网络［成为（devenir）］：一种不具备系统秩序的“前系统化”（presystematic）；一种本质上静默的“前话语化”（prediscursive）。话语与系统在相互衍生（Foucault 1985: 76）。

这促使我们去思考知识的表面是一层多么不稳定的介质，并认识到系统也并非绝对的或固定的，而是脆弱的和易变的。福柯阐述道，话语外层的“松散表面”保护并界定着系统，并且通过这种方式，话语与系统既相互协作又相互衍生。

38 福柯反对那种试图将思想的历史、科学的历史或知识的历史整合在一起的统一性。**他一直都在抨击“传统”、“影响”、“发展”、“进化”等概念。因为这些概念会通过建立一种同一性的规律，将所有这些话语阐述和事件相互组合并链接在一起。**福柯论述道，在这个过程中，扁平化的阐述和离散的事件“会遭受到来自生活的典型权力、连贯性的规则，以及在起源和发展之间建立起永久可逆关系的时间的影响”（Foucault 1985: 76）。

因此，“阐述”与“事件”失去了它们的边界与真实性——这些在它们最初闯入时还保持着的属性。我们清楚这是在任何对事件的叙述或对阐述的复制过程中都会存在的情况。而在学术研究中，对“二手文献”（secondary sources）的引用被认为是可靠的。因为这个过程涉及对真实信息的归纳、综合、理解或者演化。

离散、事件

39

福柯提出的“离散”概念指涉着一种特殊的规则性。由于这种规则性可能会涉及超越了对特征和相似性的常规认知的、不同种类的关联、位置、运转和变化，所以它的架构形式并不能被完全预判。换句话说，如果我们着手一项研究，那么对于其中所涉及的相关基础要素，我们并不需要过于担心它们的本质属性与原始语境。它们可以是变化的、离散的、解体的，甚至在属性、尺寸和形态上是完全不同的。它们唯一需要的共性只是尚未被发现的、并且超越了常规认知和预判的规则性。

在名为“降低，否定，前置”（*De-*，*Dis-*，*Ex-*，1996）的论文中，伯纳德·屈米揭示了一种在建筑学中同样的状态。他论述道城市同样包含了许多常常不可见的、并且相互离散的场所系统。屈米在这里引用了福柯的论述，将其与存在于建筑生产过程中、并被屈米本人称之为“本质的离析”的概念相关联。屈米的策略是将这些离散和杂乱转化成优势。他谈道，建筑师的能力是将这种潜在的离散性视为一种城市语境的全新规则，进而利用这种规则性，为城市设计中的具体问题寻找到创造性的解决方案。

在《知识的考古学》中，“事件”对于福柯来说是不可或缺的类别。同样的，在伯纳德·屈米的拉维莱特公园项目中，“事件”也是其核心的设计概念之一

回应福柯对于事件的理解，屈米认为**事件的类别对建筑学来说也是一种重要的观念。因为建筑不能缺少功能，功能无法缺少行为，行为又不得不涉及事件**。对于屈米而言，这些现象是建筑学的重要组成部分，而建筑师也必须介入这个层面的分析。屈米在四卷著作（2001；2003；2012）中对这一议题进行了阐述。

重要的是，由于“时代精神”（spirit of the time）已经被用于保护那些本已难以维系的“意义共同体”（the

在屈米对城市的思考中，“事件”一直是十分重要的方面——《事件 - 城市》（*Event-Cities*）1—4（1994 年至今）

community of meanings)、符号链接以及相似性的交互等概念，因此福柯认为这种经典范式需要被停止（1985: 76）。福柯指出，我们需要一直去质疑那些“既有的整合”（ready-made syntheses）——那些我们会趋于盲目接受的集合观念，如文艺复兴或现代启蒙。 41

对建筑师和历史学家曼弗雷多·塔夫里（Manfredo Tafuri）来说，福柯对先前思想体系的批判性分析是具有高度相关性的。在《球体与迷宫》（*The Sphere and the Labyrinth*）的引言“历史项目”（Historical Project，1980; 1987）中，塔夫里讨论了历史与建筑的问题。在马克思、尼采（Nietzsche）、本雅明、阿多诺（Adorno）等人的批判性研究之外，福柯对于塔夫里来说是另一个十分重要的声音。在他关于建筑历史与理论的著作中，我们可以发现塔夫里始终强调对原始根据的阐述和对假定集合的质疑，而这都受到了福柯思想的影响。同时，塔夫里对历史分期的批判，以及对“球体”和“迷宫”概念的指涉，也都暗示了对福柯思想的映射与回应。

对作者与作品的分离

在持续不断地对“创造性主体”（creative subject）进行解析的过程中，福柯论述了他对“作者”与“作品”这种二元分类的反对。**根据他的论述，“作者”或“作品”的类别均构成了一种不恰当的（错误的）并具有误导性的集合观念。进而，考古学不应试图去回溯那些作者与作品会互换身份的历史时期。**

42 在建筑历史、理论和批评等方面，福柯的作品质疑了我们习以为常的分类和集合方式。根据福柯的观点，我们并不是在任何情况下都可以完全掌握某个术语或分类的意义。而且，福柯论述道，“建筑学”、“文学”、“政治”等概念可能仅仅适用于中世纪或古典时期，它们在那时所指涉的话语和实践领域与我们今天所认知的并不一致。福柯强调，所有形式的集合都应该被停止，包括书籍：

> ……一本书从来不会具有明确的边界：在它的题目、首行语句和结尾段落之外，在它的内在结构和自治形式之外，一本书总会在一种参照体系中涉及其他书籍、文本和语句：一本书永远是网络之中的一个节点（Foucault 1985: 23）。

同理，一幢建筑的著作权也无法被清晰地定义。一幢建筑并不是一个整体，而是一种关联于其他建筑、建筑师和工匠的话语承载体。它是在建筑学和相关学科所构成的“网络之中的一个节点”，而这些学科自身在功能、美学、结构、意义等层面相互差异并分离。

43

对于作品的传统认知的潜在闭合性，在建筑学中并非难以想象或理解，这是因为当代建筑实践需要以作品的独立性为基础。进而，**将一幢建筑的著作权归属于某个人也可以被预见到。然而，这种古代遗留的产物之所以依然存在，是因为长期以来我们对于建筑师职能的理解都被禁锢在“作品”这一观念中，这种现象至少从柏拉图（Plato）便开始了。**无论与现实多么相异，西方文化中对建筑物的创造者（建筑师）所持有的根深蒂固的迷信始终占据着主导地位。仅仅伴随着源于媒介概念的理解，而非反映建筑认知与实践的真实环境，我们的文化始终将个体建筑师命名为建筑的作者。从古代到15世纪的著作者，到现代建筑的先驱，再到当代，一直维系着的关于全知的建筑师的神话需要被重新审视和禁止。这种神话并不会衍生任何关于建筑的知识和真理；它只会通过在不同时期所建立的职业权力关系和幻想来建立权威性。而在当代，这种权威性的建立便是完全依仗于在后资本主义文化中进行图像传播和消费的权力。

根据福柯的理解，一个作品思想的所有权属于一个个体——作者，而这个思想意味着一系列“难以评价甚至表述”的选择。对于建筑学来说，它们可能还会包括以下的一些选择。**一个建筑师的作品分别从哪里开始和停止？什么可以被定义为建筑图纸？是否应该包括被建筑师舍弃的所有图纸和草图？如何理解建筑过程中包含着的许多由无名职业者所贡献的工作？资本主义的规律是否颠覆了著作权的真实性？** 44

在我们试图进行这种批判性分析之前，建筑学一直根据一种作者与作品之间的连贯性而被架构起来。现在，我们需要对这种连贯性进行解离。福柯论述道，一旦学科之间的假定连续性被切断，整个领域都将呈现出高度的开放性。这是一个“有效阐述”的领域，这些阐述会作为事件被散布，并最终衍生出一种新的潜在集合（Foucault 1985: 79）。 45

“古典”观念是可以为我们验证解离既有连续性的必要性的案例之一。彼得·埃森曼（Peter Eisenman）在他的论文《古典的终结》（*The End of the Classical*）中对其进行了详细的论述。由于“古典”观念作为一种主要的“认知范式”已经支撑了西方文化几个世纪，其中还包括 20 世纪的现代主义，因此埃森曼在这里倡导去批判“古典”建筑的衍生作用，并认为我们需要颠覆这个源于文艺复兴时期的观念的价值。**埃森曼论述道，尽管曾出现过许多先锋派的宣言，然而事实上，在过去的 5 个世纪中，建筑学并未形成任何与古典“认知范式”的绝对割裂。因此，他提出，我们应在建筑语汇层面从先前古典建筑的“叙事”（fictions）中完全脱离出来。**

虽然福柯的思想对埃森曼的理论演进有很大的推动作用，但是这里需要指出的是，埃森曼对“古典”一词的使用方式与福柯并不相同。

46

事件、客体和涌现的表面

福柯认为，在研究任何一个作品（一本书或一幢建筑）之前，我们需要先建构出对事件的描述。记录性的材料需要被简化为事件，并且在理想情况下，它们需要以一种不带任何感情色彩的方式被呈现出来。福柯指出，这种方式是表现这些建构出的事件的唯一途径，我们必须揭示出为何如此以及如何达到。例如，评论家并不会去撰写最近的“莱昂纳多作品展”本身，而是会去评述“与莱昂纳多·达·芬奇息息相关的，并且围绕在他绘画、图纸、手稿和笔记展览周围的事件”。这样做的目的是制止已经被接受的集合性，从而使我们可以将现象重新恢复到它最初发生时的状况。**对于过程的理解最终揭示了集合性和离散性的本质属性均是偶然的，“完全不像地理学中的现象”**（Foucault 1985: 27）。事实上，当知识的全新状况可能会提供一种不同的回应时，绘画与图纸对于具体艺术家或建筑师的归属性都需要被重新检验。

话语事件可以被类比于建筑的设计过程。这些“离散的有效阐述”意味着建筑师所完成的相互离散的手稿、草图和概述。**在任何一种探索中，最关键的时刻是对探索客体的命名。在建筑学中，这可能会与设计概述的形成有关，这是因为在初期对客体的命名将会定义设计本身以及所建构的新的关系集合**。从而，我们知道赢得设计竞赛的本质是：成功的建筑设计作品需要能够舍弃浅显的理解，需要能够将这种理解分离成既有元素，并以一种新的方式去散布它们，进而创造出超越常规预期的设计效应。

福柯并不仅仅关注于对客体的命名，同时也在思辨其涌现过程所映射出的表象。通过最初在表象层面上的记录、制作图表、绘图以及图解等过程，才可能完成对客体的探索。这个过程取决于理性化的程度、概念的规律以及理论的类型等可以被深入思考的方面。 47

这个过程可能引发出一种新的外在表象，并开始伴随着空间思维和建筑空间的含义去运转。事实上，涉及场域思考和所谓场域设计的建筑思辨与实践便证实了这一点对于建筑学的意义。斯坦·艾伦（Stan Allen）和其他学者一样，已经深入地论述过概述的表象在形成建筑场域时的相关性，并且在他自己的作品中也对这一议题进行了探索（Allen 1997: 24-31）。

更为重要的是，福柯并不试图将思辨本身视为一种对先前固有集合和叙事的理解和表达。相反，他试图寻找的是一种能够决定主体和话语的位置的规则性场域。

例如，弗朗索瓦丝·肖艾（Francoise Choay）在《规则与模型》（*Rule and the Model*, 1980, 1997）中质疑并消解了先前在文艺复兴时期所架构的知识的边界。通过从根本上挑战固有的猜想与叙事，肖艾深入分析了涌现并传播于15和16世纪的建筑学体系，其中她关注的概念包括规则、模型等。因此，阿尔伯蒂和莫尔（More）的“制度性文本”由于展示了形式的“规则性和稳定性”，从而成为她进行批判性探索以及论证这些焦点相关性的重要参照（Choay 1997: 9）。 48

档案基本系统

档案是福柯在阐述观点和建立话语结构过程中的重要参照。它并不是被简单地视为资料的存放处；它更像是一种特殊的场所，其中对不同观点的阐述会根据不同的规则和用途而实现差异化。

福柯将档案称为“高度密集的话语实践和话语系统，并且它们将观点建构为（带有它们自身表象状态的）事件和（带有它们自身潜在用途的）事物”（Foucault 1985: 128），而非将其视为传统意义上的“历史真相的文本”。这里，福柯对于事件化观点的唯一性的坚持延伸到了话语实践和事物的领域，其中被视为具有明确用途的客体的事物，以及实践中的密集行为都在考虑范畴内。

福柯意图将这些系统称为“档案”，并不表示他认为一种文化需要将这些文本视为它发展历史的记录和它内在连贯性的证据。同样的，对于那些记录和维护人们想要记住并流传下去的档案的机构，例如博物馆或传统的档案馆，福柯也并不感兴趣。相反，**由于传统档案类型的问题，令福柯感兴趣的是一种新的档案。这种新的档案通过内在组织、文档选择、基本话语等途径保存了一些特定的客体和话语。这就是“为什么在历史中如此多的人”根据他们自身的思维规律或语境“说了如此多的内容，然而在经过了如此长的时间后却都没有被呈现出来”**（1985: 129）。

49

在这条思想脉络中，福柯认为，更好地使用档案的方式是将原始档案以一种随机的方式进行“嫁接”，而不是简单将它们弱化为另一种脱离于其产生机制的宏观阐述。福柯进一步补充道，由于在档案中，事物是被相互组合的，并且在特殊的规则下允许相互间关系的重叠或模糊，因此档案本身便决定了事物不会以无定形态或不间断线形的方式进行无止境的堆积。例如，当福柯在《规训与惩罚》中写到监狱的涌现时，他罗列了大量的18世纪法国语境下的历史材料与文本。然而，他却挑战了主流观念中认为监狱的出现仅仅是由于改革主义者的人道关怀的论断。在他所涉及的异质性档案材料中，福柯分析并追溯了文化中尚未被认为与监狱的涌现具有相关性的细节转变。在此，福柯对身体和权力问题的关注最终可以被认为是当时的一个重要判断与猜想。

因此，在福柯的论述中，档案是多样化的，可以呈现为不同的形式与状态。档案定义并建构了一种可能性体系，使得观点和事物涌现出来。档案定义了观点和话语发生的模式，从而进一步定义了知识本身。福柯将档案从传统意义中解放出来。他所定义的“档案”既没有传统的庄重性，也不会以超越时空的状态存放在图书馆中。他的“档案”徘徊于传统和遗忘之间，并使得观点可以不断地生存和演化（1985: 130）。

50

由于档案往往呈现为不同的碎片、区域，并涌现于不同的层面之中，因此我们并不能从整体的角度去认知档案。由于档案所具备的上述规律，并且它同时也储存着我们的观点，所以我们也无法去描述我们自己的档案。

> 对档案的分析涉及极为特殊的领域：这个领域曾经与我们非常接近，却又不同于我们当前的存在状态，它定义着我们存在的时间边界，突显着我们的存在本身，暗示着我们存在的异质性；它从外部限定着我们（Foucault 1985: 130）。

档案是我们所说、所画、所思、所想的基础；换句话说，它是一个涵盖一切的基本系统。**福柯的“档案”在空间上处于两个方面之间：定义着语句建构系统的语言和被动地储存着所有既有文本的档案的物质本质。**

同时，福柯所揭示的档案并不是对过往记录的被动收集；而是一种对所有的语言表达的主动控制系统（Foucault 1985: 129）。档案赋予了那些衍生于话语形构中的“巨大杂音”（great murmur）一种动态的变化形式。档案所建构出的一系列含义（一种“形式”）改变着任何与之相关联的思维框架。根据福柯的观点，如同他所描述的档案对观念阐述的作用，档案、观念和话语形构之间存在着一种活跃的关联性（1985: 130）。

51

安德烈·彼得罗夫斯基（Andre Piotrowski）的《思想的建筑》（*Architecture of Thought*）一书在不同的层面上都与福柯的思想相关联。在开篇所展示出的独特语汇中，这本书引出了福柯所提出的一个问题：“无法继续思考某个想法”意味着什么？（Piotrowski 2011: 1）该书涉及了一系列福柯式的概念和议题，例如话语形构、18 世纪知识建构中的认知论转向（“déblocage épistémologique”）、现实的生产和观者技术（2011: 268）。彼得罗夫斯基往返于不同的思维、实践和档案体系之间，揭示出理论话语中的隐藏部分，使我们关注于知识体系中的空白部分——例如拜占庭的建筑历史、中美洲的发展、东欧地区的改革与反改革，以及英国维多利亚时期出现的消费文化，对之后的现代主义等运动的影响。

因此，在过去的三十年间，建筑历史学家、理论家以及实践者完成了一系列有关福柯的知识观念与人类科学考古学的工作。这些建筑理论的著作呈现出了与福柯对于哲学、历史、文学、艺术以及政治的跨学科研究方式之间的高度关联性。我们已经可以看到，这些文本对建立一种更为深刻的建筑学知识、历史和理论研究方式产生了长远的意义。而这一章也试图证明，福柯广为传播的思想与文化介入，以及福柯对于知识的深刻而严谨的考古学研究，将对建筑学产生着持续的影响。

第3章

围合

疯癫

《疯癫与文明》一书展现了福柯在心理学和精神病学历史方面的研究。这本书以横跨16世纪到20世纪初的多达21000份的档案为基础。它参考了乌普萨拉（Uppsala）图书馆所收录的埃里克·沃勒（Erik Waller）医生的大量档案材料，其中包括医生自己对于医学史的研究。这位瑞典人的档案对福柯具有极大的参考价值。福柯针对它进行了系统的研究（Eribon 1993: 83）。《疯癫与文明》不仅仅是这项研究的成果，同时也源于福柯自身对现代精神病学的经验与怀疑——他将现代精神病学视为一种保存传统伦理的控制机制。

根据福柯的观点，将疯癫视为一种精神疾病并且需要治疗的想法并没有改进之前的观念——例如疯癫在16世纪被视为一种中邪的征兆，在18世纪和19世纪被视为一种狂躁状态。福柯写道：

> 我们还未完成过对另一种疯癫形式的历史的写作。在这种疯癫形式中，人们根据一种管理规则将他们的邻居监禁起来，并且相互之间以一种非疯癫的冷漠语言进行辨认和交流（Foucault 2009: xi）。

这一论断衍生了一种在本质层面的反响，福柯称之为“向中立状态的回归”——其中，疯癫被视为一种无法被辨识的经验。**福柯试图将疯癫解释为一种非常态的行为或态度，而非另一种从最开始便将疯狂从理性和（或）知识领域剥离出来的类别**。在对这一观点的论述中，福柯描述了将理性和疯癫置于“分离的、相互之间没有任何重叠的、如同无法共存的”位置的趋势（2009: xi）。通过揭示出这两者之间建设性对话的缺失，这本书直面、挑战并且纠正了此后发展和决定出某些强制性心理治疗方式的这一思想观念。这种强制性的治疗方式——例如电击治疗，仍然流行于《疯癫与文明》的写作时期。福柯认为这是一个令人头痛的思想领域。其中，为了对其进行探索，我们必须放弃那些轻松便可得到的并且被公认为正确的事物，我们决不能被关于疯癫的已知信息所引导。正是因为将疯癫与理性进行分离的行为需要被重新审视，福柯暂时放弃了那些他认为不恰当的精神病理学的既有概念。

53

精神疾病与环境

在他的《精神疾病与心理学》一书中，福柯具体地介绍了他对精神疾病和心理分析的研究方法所关注的议题：

> 两个问题已经自我呈现出来：在什么情况下，我们可以断定出在心理层面的疾病？在精神病理学和组织器官病理学之间，我们可以定义出怎样的联系？（Foucault 1987: 1）

54

福柯论述道，精神病理学的研究方法与组织器官病理学的不同。只有通过一种非常巧妙的语言，同样的意义才可以被应用于“身体的疾病”和“思维的疾病”中（1987: 10）。对于福柯而言，在建构这种用于描述精神病理学以及疯癫状态的全新话语体系的过程中，艺术同样扮演着重要的作用。福柯经常说，一个人必须具有诗歌的才华才可以对疯癫进行论述（Eribon 1993: 70）。

福柯对疯癫的研究方式是多面性的：其研究发展过程所基于的许多源泉都值得被讨论。福柯的研究不仅建立在他老师的工作基础之上——让·伊波利特关于异化和环境状态的理论、乔治·康吉扬对科学历史的探索，以及雅克·拉康的后弗洛伊德主义（post-Freudianism），同时源于他本身对艺术以及艺术家的多样化体验的开放性关注（参见第1章“立场”）。在他关于疯癫的博士论文的导论中，福柯将哲学家拉康、布朗肖、鲁塞尔（Raymond Roussel）、杜美西尔（Dumezil），以及艺术家希罗尼穆斯·波希（Hieronymus Bosch）、勃鲁盖尔（Breughel）、戈雅（Goya），还有和他同时代的阿尔托、克洛索夫斯基的作品均列为研究的思想源泉。作为参考，这些艺术家和哲学家的作品频繁地出现在福柯的论述脉络中（参见第5章“空间性/美学”）。

自从1961年出版发行以来，《精神疾病与心理学》有意识地铺垫并预示了福柯之后作品的研究范畴。**对于大监禁的分析引出了权力、观察、监视等议题，并且其中与知识和语言的关联性也通过对疯癫与理性之间对话断裂的批判而得以呈现。福柯论述道，他并非试图去撰写“语言的历史”，而是去呈现“沉默的考古学”**（2009: xii）。在论述疯癫与理性之间的对话缺失时，福柯罕见地引用了他所得知的对这一议题具有映射意义的论断，例如帕斯卡（Pascal）所论述的——人类在某种层面上是必须疯癫的，非疯癫往往会衍生出另外一种疯癫。同样的，福柯还引用了陀思妥耶夫斯基（Dostoyevsky）的论断——一个人并不能通过监禁他的邻居来证明自己的神智健康（2009: xi）。

理性/疯癫

对这种沉默的论述——理性与疯癫之间的对话缺失——

意味着要去挖掘自中世纪开始便与“疯癫”建立起联系的西方文化。福柯指出了这种曾经的“理性－疯癫”关系在本质上的无组织性和随机性。两者关系中的断裂性与对立性已经是建构欧洲起源（西方理性主义的基础）的重要特征之一。福柯认为，这种趋向疯癫的起源性和不确定性在波希之前便嵌入了西方文化之中，并且这种情况在尼采和阿尔托之后的很长时间内仍然存在（Foucault 2009: xiii）。

福柯指出，在这种“理性－疯癫”的关系中，我们需要去质疑两者之间的距离，并且需要指出其中非理性对理性的压抑。通过这种方式，并通过进一步引入与“水平性”和“竖直性”等几何概念相关的含义，福柯从空间的角度描述了理性－疯癫的关系。福柯探究道：

> 审讯可以将我们引导至什么地方？其并不仅仅在水平向上遵循理性，而是在时间维度上重新回溯那种以非垂直的方式去回应欧洲文化的固有垂直性。我们会进入一个什么样的领域？其既不是知识的历史，也不是历史本身。（2009: xiii）

福柯对这一议题进行了深入的思考，他认为其既不是被对真理的诉求所控制，也不是被理性的因果关系所决定。福柯补充说，这其中的原因只有在超越了理性／疯癫之间的隔离时才会具有价值和意义。福柯继续补充道，这一领域需要开放性与重构，其中关于理性／非理性、疯癫／非疯癫的特征问题需要被重新审视和超越。

《疯癫与文明》中的主要论述是围绕一系列历史事件架构起来的：1. 中世纪末期对麻风病院的清空；2.1956 年在巴黎建立的综合性医院和“大监禁”；3. 在 18 世纪末（1794 年）皮内尔（Philippe Pinel，1745—1826 年）对疯癫的“解放”。

因此，福柯所讨论的“古典时期”横跨了从综合性医院的建立（1656 年）到比塞特尔（Bicêtre）监禁者的释放（1794 年）这段时期。**根据福柯的观点，在这个时期中，关于疯癫与理性的描述性语言经历了根本上的改变，并且其中产生了一种新的结构来理清和分化这些话语。这其中最大的区别在于，先前人们对于疯癫的争论被视为一种人们在面对世界中的神秘力量时的戏剧性辩论**（2009: xiii-iv）。

福柯继续论述道，这种戏剧性与我们的时代形成了鲜明的对比——“我们对于疯癫的经验在建构知识过程中是不被涉及的，我们的知识揭示了许多关于疯癫的内容，却不提及疯癫本身”（2009: xiv）。因此，福柯指出，需要一种非常重要的工作：“去描述疯癫的经验本身”。换句话说，我们需要在它完全被知识和科学的论述所限定之前，对其进行重新检验。而更重要的是，我们需要让疯癫呈现它自己，让它对自己进行描述。福柯补充说，我们必须在它永久地成为一种真理之前，尽快地在这个阶段对这一隐秘存在作出定义（2009: xi）。

如果这一警惕性对于 1961 年那个时期是重要的，那么我们绝对可以认为它在当今的作用更加关键。这里，我们可以通过一个例子来揭示疯癫所具有的巨大丰富性和重要性。日本先锋艺术家草间弥生（Yayoi Kusama）——最近在伦敦和世界范围内都举行过展览，便自愿在一家精神病院中成为永久居住者。草间弥生在伦敦展出的作品为我们所建构出的感知和体验空间既不是理性的，也不是复杂的计算机程序可以生成或控制的。**草间弥生的作品（让我们称之为“疯癫”）引出了一系列议题，例如向无限空间的展开、感知的深度、个体投影的无限可能性，以及个体与宇宙空间的关系。**她的作品揭示了疯癫中的某种认知力量，而这种力量正是我们需要去捕捉的。

58

隔离空间与大监禁

在《疯癫与文明》中，福柯往返于不同的档案记录，从经济、司法、医学、艺术等不同的层面分析疯癫，其中既保持着分析的严谨性，又突显着论述的激进性。他对于细节的热衷与博学贯穿于不同的知识历史的分支之间。**在艺术与建筑层面，《疯癫与文明》可以被认为是非常图像化的，我们被带领着去**

在《疯癫与文明》中，福柯讨论了位于城市边缘的麻风病院和麻风病患者。这里，我们从 16 世纪阿尔布雷特·丢勒的“受难”系列版画中可以感受到麻风病患者的表现。

思考具体的场所，例如坐落于欧洲中世纪城市边缘、曾是麻风病院、现今被遗弃的荒芜空间。阿尔布雷特·丢勒（Albrecht Dürer）的版画或当代的英格玛·伯格曼（Ingmar Bergman）的电影《第七封印》（The Seventh Seal，1957）都与其相关联。通过引述最原始的材料（档案和遗迹），福柯为这些空间提供了精确的数据——欧洲总体上共有19000间疾病监禁所，其中基督教国家里有1226间；除此之外，法国有2000间，其中43间位于巴黎。

59

根据福柯的论述，12世纪的英格兰和苏格兰共有220间疾病监禁所，被用于控制150万麻风病患者。到14世纪末，这种疾病几乎被完全消灭了。其中非常著名的监禁所覆盖了里彭（Ripon）、圣奥尔本斯（St Albans）、罗门乃尔（Romenal），以及位于肯特（Kent）的查塔姆（Chatham）等地。其中，最后的这个位于查塔姆的圣巴塞洛缪（St Bartholomew）监禁所创立于1078年，到伊丽莎白一世时期已经基本被荒废，并最终于1627年被关闭。类似的，例如与德国的莱比锡、慕尼黑、斯图加特、汉堡等城市相关联的案例也都在书中被涉及（2009: 3）。在麻风病消失之后，法国皇室与国会将疾病监禁所纳入了医院之中（c.1693-1695）。

尽管监禁所的关闭是一件令人欣喜的事，但是福柯认为在这些城市市民的思想中，有些标记是被永久刻印下来的——隔离的景象、观念以及他们所需要的社会作用。这些观念比麻风病本身更难以消除。虽然麻风病患者消失了，但是这种城市经历中所衍生的社会结构被保存了下来。在同样的地域，“隔离的形成会不断地被重复，甚至奇怪地，在两三百年后相似的情况仍然会出现”（Foucault 2009: 4-5）。

60

福柯的这本书以“愚人船”（Stultiferanavis）章节为开端，如同他将读者带上了一条“愚人船”上的旅途。愚人船（德语 Narrenschiff）是文学与绘画创作中的传统主题，但它同时也代表了一种现实。将疯癫的人送到船上的含义是非常清晰的，但是这些在船上漂流于城市之间的人们看上去却有着无忧无虑的生活。脱离于城市的禁锢，疯癫的人们被允许在广阔的乡野间游荡（Foucault 2009: 7）。特别是在德国的莱茵河地区，这种习俗十分流行。福柯论述道，这些愚人船如同一种朝圣之船，满载着“高度象征性的货物——疯人，去寻找他们的理性”（2009: 7）。

这些疯人所被安置的位置十分具有策略性。他们不仅被安置在船上，同时也会被安置在城市边界、城墙、城门等边境区域。在后者中，类似城墙通道口的“微妙”位置上既实现了对疯人的隔离，同时也是将他们安全地监禁在城市的控制范围之内。福柯曾论述道这些疯人的命运：

61

> 如果他不能拥有除入口之外的另一个牢房的话，那么他将被关在通道口处。他将被关在室外的“内部”，抑或相反。如果我们愿意承认先前可见的政权堡垒如今已经变成了我们的意识城堡，这将是一个直到今天都非常具有象征性的地点（Foucault 2009: 8-9）。

在“政权的堡垒”和“意识的城堡”之间所形成的类比是一种对空间和意识的并置，其中揭示了我们所感知到的威胁以及它不断进化的本质。在与15世纪及之后的建筑理论与实践密切关联的有关“墙”与“围墙”作用的议题中，我们可以建构出超越常规（理想化）历史主义的论述，指向一种更加批判性的对现象的评价（Hirst 2005; Fontana-Giusti 2011）。

在之后对“异托邦”（heterotopia）的讨论中（参见第5章），福柯在海水、航行以及欧洲人梦想中的疯癫之间建立起了联系。**福柯认为，“愚人船”的形象出现于很多文学与绘画主题中的原因是它将中世纪欧洲文化中非常不稳定的元素符号化了。**“疯癫与疯人成为主要的角色，展现出他们的模糊性：威胁与嘲弄、这个世界的非理性混沌以及人性中微妙的怪异性”（Foucault 2009: 11）。

62

首先，疯癫被分成了两种不同的类型：第一种疯癫类似于波希绘画中所揭示的（15 世纪末）；第二种疯癫如同伊拉斯谟（Erasmus）在《愚人颂》（*In Praise of Folly*, 1509）中所描写的。前者将疯癫视为一种具有威胁性的麻烦，“仿佛随着一种深层秘密的揭示，这个世界所呈现出的真理逐渐消失了”；与之相对应，后者“将疯癫置于一定距离之外”，将其视为一种客观的学科，在著作中对其进行详细阐述，并引入大学教育。这两种类型之间的差异从那个时期开始便不断放大（Foucault 2009: 12-13）。

福柯阐述道，16 世纪与 17 世纪初期的世界仍然对疯癫充满着敌意。**疯癫通常被视为处于事物的核心——一种标示出真实与想象之间间隙的讽刺性符号。疯癫会被理解为某种“理智的易变性”。根据福柯的论述，我们只有排除所有外在因素（利用纯粹理性的解释方式），才可以对其进行本质的解析。**由于存在这种易变性，疯癫同样像是一种生命的突然爆发——“疯癫的飓风”、一种巴洛克的姿态、一种错视画（trompe-l'oeil）。疯癫通常呈现于那种悲喜交加的文学作品中——如莎士比亚（Shakespeare）、塞万提斯（Cervantes）以及他们同时代其他作家的作品。

与之前相反，在 17 世纪的后半叶，疯癫在福柯所描述的“大监禁”中变成了一种需要被隔离与抛弃的存在。疯癫被视为需要被理性的政权所惩戒、消灭以及驱逐的事物。在这种具有直接的经济、政治、道德以及信仰因果的运动中，疯癫被完全地监禁与驱逐。

63 在这一时期，人们对于贫穷、疯癫、无业、边缘化的认知产生了巨大的变化，它们变成了一种存在于社会中的威胁。17 世纪晚期的精英阶层通过理性与道德层面的论断建立了一种监禁穷人的机制。**医院变成了一种用于监禁的场所，使得富有阶级可以清理不断扩张和混乱的城市。穷人、无业者、乞讨者、流浪者、驱逐者、放荡者、患性病者、妓女、同性恋者与那些疯人一起被关在了巴黎综合医院的围墙之后。**

综合医院创立于皇家主要宫殿和其他大型建筑设施被建造和修复的时期，它包含了一系列相互分离的单元，其中包括了位于西堤岛（l' Île de la Cité）的神圣医院（Hôpital-Dieu）。在 16 世纪 60 年代，利贝拉尔·布吕昂（Libéral Bruant，1635—1697 年）被任命将路易十三世的老兵工厂（the Salpêtrière）改造成作为"大监禁所"的萨尔佩特里埃医院（the Pitié-Salpêtrière）。那是一个对巴黎城市、建筑、景观进行大规模开发的活跃时期。其中许多人都作出了重大的贡献：克洛德·佩罗（Claude Perrault，1613—1688 年）改造了卢浮宫（Louvre，1665—1680 年）的东立面；勒沃（Le Vau，1612—1670 年）与佩罗一起合作于凡尔赛（Versailles）的新宫殿；朱尔·阿杜安·芒萨尔（Jules Hardouin-Mansart，1646—1708 年）完成了荣军院（Les Invalides，1670—1679 年）。后者成为建造皇室建筑的主管，曾负责圣日耳曼昂莱（Saint-Germain-en-Laye）的扩建，并从 1675 年

64 开始负责凡尔赛宫（the château Versailles）的建造。在巴黎，阿杜安·芒萨尔的作品包括皇家港口（the Pont-Royal）、圣罗克教堂（the Église Saint-Roch）、胜利广场（the Place des Victoires，1684—1686 年）、旺多姆广场

（Place Vendôme，1690 年）。安德烈·勒·诺特雷（André Le Notre）在杜乐丽花园（Tuilleries gardens，1665 年）景观设计中作出了巨大的贡献，这一景观直接决定了巴黎的主轴线，至今这条轴线仍向西指向着拉德芳斯（La Défense）以及远处。

因此，我们可以认为，大监禁的出现同步于一系列城市开发的重要举动——新市中心和地标建筑的建设、墙体和立面的加固与修缮等。这些新的建筑以及它们面向城市的围墙建构出了用以支撑皇室政权威望的几何化城市空间布局。那时，法国皇室正试图通过重新架构首都和凡尔赛新宫殿来为自己确立一种集权式的国家政权地位。这些宫殿的整体设计在几何层面描绘着皇室不断加剧的权力。通过强制上层社会入住这些新宫殿，国王成功地将他们限制在自己的控制之下。同时，宏大的卢浮宫和凡尔赛宫又进一步暗示着皇室政权的权威性与正统性。**因此，对穷人的监禁和对皇室的聚集形成了一种在经济层面十分恶劣的相互作用，其中对穷人的监禁为巴黎城区和稳定政权的发展提供了基础。**

福柯强调了 17 世纪所进行的监禁是为了惩罚，而非医药治疗。巴黎综合医院并非一座医疗建筑，而是一个半审判性的行政机构——它具有在法庭之外去审理、宣判和行刑的权力。

最终，到 18 世纪，在经济层面上监禁的价值已经不复存在了。疯癫又一次以其他形式被隔离了出来，而这一次它被称为“无理智”（Déraison）。疯癫起源的神秘性已不再被提及，疯人被完全地隔离（2009: 192）。而在这个过程中，机构建筑空间则成为了监禁在另一种形式上的延续，并被视为对理智的展开和实践。

精神病院

今天，我们已经认识到，意大利物理学家温琴佐·基亚鲁吉（Vincenzo Chiarugi，1759—1820 年）早在 1785 至 1788 年间便从佛罗伦萨的圣多罗泰阿医院（Santa Dorotea Hospital）解放了精神病患者，而这件事发生在菲利普·皮内尔在法国进行同样举动的几年之前。根据福柯的论述，皮内尔于 1794 年将疯人从巴黎比塞特医院（Parisian Bicêtre Hospital）解放出来的事件标志着精神病院的诞生。尽管这些病人被解放了，但是精神病医生并没有简单地在精神病院中实践医学知识。相反，精神病院并不是一个进行观察、诊断和治疗的自由领域，而是：

> ……一种审判机构，其中，人们将会被指责、审判和定罪；并且除了通过忏悔来经历一种深刻的在心理层面的考验之外，这些人永远不可能被释放。在精神病院中，疯癫是会被惩罚的，尽管它在外面的世界中是无罪的（Foucault 2009: 269-272）。

福柯总结道，皮内尔和威廉·图克（William Tuke，1732—1822 年）并没有引入一种科学的方式，而是采用了一种独裁式的建制——通过借用科学的权力来建立他们的行为的权威性（2009: 269-272）。

福柯分析了有关不同类型的疯癫的档案，探索了忧郁症（melancholia）、歇斯底里症（hysteria）以及焦虑症（hypochondria）的不同外在表现。忧郁症的症状最初（16 世纪和 17 世纪初期）被认为与人的四种体液相关联。福柯对这种忧郁症在体液和精神层面的内在解释进行了探讨。这些解释之后逐渐被 17 世纪中后期关于忧郁症源头的争论中所建立的新的理解方式所取代。**在对不同的疯癫的探讨中，福柯指出：在古典时期被探索的忧郁症、歇斯底里症以及焦虑症均被视为精神疾病；之后在 18 世纪晚期，先前与感觉和身体动态相关联的疯癫逐渐被转而理解为一种道德和情感的问题。** 66

通过对医生和患者的论述，福柯对疯癫的治疗方式进行了探讨——其中最大的核心是对个体进行“修正”，去治愈他们的精神纤维与想象方式（Foucault 2009: 151）。福柯具体罗列了许多治疗的案例：强化（consolidation）不牢固的、易变的、过激的纤维组织；净化（purification），包括对含有仇恨体液的血液进行替换；浸入（immersion），涉及被视为最为纯净物质的水；最终，对行为的纠正（regulation）——这均是由于疯癫在根本上被视为精神、想法和纤维运动中的不规则扰动（2009: 154-165）。

福柯认识到，在古典时期，我们并不能区分物理治疗和心理治疗，这不过是因为心理治疗在那个时期并不存在。**根据福柯的论述，心理学的出现“并不是作为一种对疯癫的真相的探求，而是仅仅标志着疯癫被从非理智的本质中剥离出来”；在福柯的视角中，心理学在更大的事物语境下是不确定的、不重要的、无目的的（2009: 187-188）。**

正是在这种语境下，福柯引出了弗洛伊德在回溯疯癫问题中所作出的重要贡献。福柯称之为“回归的政权暴力”（the sovereign violence of a return）（Foucault 2009: 188）。弗洛伊德在他的《五个历史案例》（Five Case Histories）中迈出了重要的一步。**根据福柯的论述，弗洛伊德回溯了疯癫的问题，并在语言层面对疯癫的经历进行了重新建构——这种疯癫曾经被实证主义还原到了一种静默的状态。**这可以在皮埃尔·让内（Pierre Janet）的《心理治疗》（Psychological Healing，1925）一书中找到指涉，这本书还揭示了这两位 67

学者之间往往存在争议的重要差异。**福柯继续论述道，通过这样做，弗洛伊德从根本上重塑了疯癫与非理智（其经验往往被心理学伪装起来）之间的对话可能性**（Foucault 2009: 188）。

68

在那种对精神病学以及知识根基完全忽略的环境中，《疯癫与文明》在公众中产生了巨大的影响。福柯的一位社会学家同事——罗伯特·卡斯特尔（Robert Castel）曾概述了20世纪60年代社会对《疯癫与文明》的反响。他指出，这本书在本质上作用于几个不同的层面：它既可以被视为一个学术论题来进行解读（作为对巴什拉和康吉扬作品的延伸），也可以被认为是在追随着路特阿蒙（Lautréamont）和安东宁·阿尔托，以唤醒禁忌的黑暗力量。卡斯特尔写道：

> 正是这种自我矛盾的蒙太奇造就了这本书的独特性。这本书对某些人非常具有吸引力，而同时又会让另一些人感到厌烦，抑或是同时存在两种状态。然而，对这本书中具体内容的认同并不会暗示任何政治立场，或者预示任何实质的改革（Castel 1986: 42-44）。

这本书对于福柯作品的一致性是十分重要的，其正式地引入了“权力”的观念以及之后的“权力－知识”这个二元概念。如同福柯自己对这本书的反馈：“所有这些涌现出来的都如同是被隐形墨水所撰写的内容，当正确的试剂——权力被加入时，便会开始在纸面上显现出来。”（Trombadori 1999: 77-78）

建筑与疯癫

伯纳德·屈米曾在写作《疯癫与结合》（*Madness and Combinative*）（Tschumi 1996: 174-190）一文以及对巴黎拉维莱特公园的构筑物进行设计时，均涉及了福柯关于疯癫的论述。**在这篇文章中，屈米论述道，疯癫是整个拉维莱特公园的永恒参考点，通过它，公园“呈现出了20世纪末的标志性状态——功能、形式与社会价值之间的断裂与分离”**（Tschumi 1996: 175）。他说，从尼采到福柯，从乔伊斯（Joyce）到拉康，便一直探讨着存在与意义、人与物之间的错位，因此人与物并不是一种同质且连续的世界的构成部分：

> 我们在这一语境下并不需要回溯福柯如何在《疯癫与文明》中通过分析精神错乱来引出社会学、哲学和心理学本质问题的方式。一方面，常规性（“好”的建筑；类型、现代运动的信条、理性主义以及近代历史的其他主义等）仅仅是由建筑元素的“遗传学”组合所提供的众多可能性之一。另一方面，就如同所有的社会集体都要求精神病人、怪异的人以及罪犯标示出他们的负面性一样，建筑也需要极端的和禁忌的存在来揭示出在建造本身的实用性和概念的绝对性之间持续不断的冲突现实。**这里并非刻意去追求和迷恋一种对疯癫进行的思辨，而是试图强调——疯癫揭示出了一些在维系破碎的文化与社会秩序过程中常常被忽略的事物**（1996: 175）。

69

尽管福柯与屈米之间并没有过多值得讨论的相关性，但是福柯的作品对这位瑞士建筑师的影响却是十分显著的。在他的写作中，屈米同样挑战了常规的类型、“好”的建筑以及现代运动和理性主义等不同的信条，并将他们视为从某种特定的建筑学语境中衍生出来的可能性之一。像福柯一样，屈米认为这些可能性只有在特定的社会准则架构中才得以被实现，不契合的、难以调整的以及异常的可能性应具有同样的地位。

70

建筑历史学家具有更加浓重的传统意识，他们同样回应过“疯癫”这一议题以及被福柯的论述所打开的相关领域。罗宾·米德尔顿（Robin Middleton）在《AA 档案》（*AA Files*）一书中发表的分为上下两部分的文章《作为形式基础的病态、疯癫与犯罪》（*Sickness, Madness and Crime as the Grounds of Form*）中，探讨了 18 世纪晚期和 19 世纪的医院、精神病院和监狱建筑。他具体关注了它们在 18 世纪末的涌现状态，以及在 19 世纪中叶所达到的顶峰。在对建筑案例进行分析的过程中，米德尔顿对福柯的思想进行了总结。他写道：

> 无论什么样的疯人、被鼓励去工作的穷人、病态的人以及精神错乱的人，最终都会被治愈为同样的状态，就如同罪犯最终都会受到惩罚。而奇特的是，这种纠正的工具正是建筑本身（Middleton 1992: 17）。

米德尔顿论述了在 18 世纪广为流传的一种基于理性主义视角的对建筑形式中权力的认知：被精确且理性设计的建筑可以在不需要辅助的情况下影响人们的行为、健康以及伦理问题。米德尔顿论述道，在 1772 年到 1778 年之间出现了超过 200 个重建巴黎神圣酒店的提案；而在这之中，超过 55 个是建筑设计提案。米德尔顿对那个时期的许多案例进行了描述：从勒杜（C. N. Ledoux）和沙尔格兰（J. F. T. Chalgrin）的提案，到皮埃尔·庞瑟龙（Pierre Panseron）、勒罗伊（J. B. Leroy）和维耶尔（C. F. Viel）的提案，再到安托万·珀蒂（Dr Antoine Petit）在贝勒维尔（Belleville）以及伊勒德塞格尼斯（Île des Cygnes）的一系列项目（包括为由科学院委员会于 1788 年设计的医院所做的巨大顶棚模型）。其中的许多项目随后都出版于巴黎综合理工学院的建筑学教授的著作中——让 - 尼古拉斯 - 路易斯·迪朗（Jean-Nicholas-

Louis Durand，1760—1834 年）的《建筑形式比较大全：古代与现代》（*Receuil et parallèle des édifice de tout genre, ancient and modern*，1799—1800）（Middleton 1992: 16-30）。因此我们可以说，米德尔顿所提到的案例从根本上支撑了福柯的论述。 71

诊所

《临床医学的诞生》代表了福柯对医学认知的考古学研究以及对现代临床医学的批判。它延续了由《疯癫与文明》所建立、并由《规训与惩罚》和《性经验史》（*The History of Sexuality*）所发展的批判路线。这本书关注于医疗科学的涌现过程，特别是从 1789 年的法国大革命时期到医学治疗手段的出现——例如弗朗索瓦 - 约瑟夫 - 维克托·布鲁赛（François-Joseph-Victor Broussais）在 18 世纪 20 年代所发明的方式。**福柯并不是在传统意义上对医学历史进行研究，而是去探索一系列医疗科学的内在问题。他的兴趣在于去探究，是什么语境使医疗科学形成了以前的状态，以及这种语境如何关联于那个时代的整体知识状况。**他特别关注于这些知识状况对医疗科学所形成的限制，以及它们对其相关思辨与实践的作用和意义。

福柯自己将《临床医学的诞生》视为一本关于空间、语言和死亡的书籍，并且它引入了一种视觉行为——观察技术与实践。这本书的主要观点是，临床医学作为一种职业学科，建立在观察行为之上——医生的观察决定了“药物治疗的作用范围以及它的理性结构”（Foucault 2010: xvii）。对于福柯来说，对一个患病组织进行观察和分析的本质建立在那个时代的组织性实践的基础上——任何检查、诊断和治疗都遵循 72

同一种认知规律。

福柯对两个不同层面的事件进行了描述：第一，与 18 世纪晚期和 19 世纪初期基于现代医疗观察技术和尸体解剖技术而形成的现代解剖临床医学相关联的事件；第二，在政治领域，要求加强人口整体健康水平的任务的增多。**《临床医学的诞生》区分了“物种的医疗”和“社会空间的医疗”之间的差异——这本质上指代了两种完全不同的医学实践模式。前者主要关注疾病分类，以及主要在家庭中、在医生患者均认可的情况下对病患的诊断和治疗。而后者更关注于公众健康；它的实践主要包括预防传染病的爆发和对卫生情况的评估。**

73

科学观察、手术台以及死亡中心性的出现

在对前者的回应中，福柯通过比较两种不同的方式，展示了在疾病诊断和病患治疗观念上的重大转变。根据福柯的论述，这种转变反映了出现于 19 世纪初期的医学知识内在状况的转变。福柯最开始论述的两个案例包括：第一，皮埃尔·波姆（Pierre Pomme）——一位著名的法国医师在 17 世纪 50 年代通过让患者连续 10 个月每天进行 10 到 12 小时的沐浴，治愈了她的歇斯底里症；第二，安托万－劳伦·拜尔（Antoine Laurent Bayle）在不到 100 年之后（18 世纪 20 年代）由于观察到大脑损伤与整体麻痹症之间的联系，而采用了一种完全不同的方式来治愈病人。这种在病理解剖学中观察到的现象，帮助拜尔建立了一种重要的关联性，进而使他能够在一种全面而清晰的机制下准确地诊断瘫痪（整体麻痹症）。

根据福柯的论述，这两种完全不同的方式定义了将医疗科学带入到前者状态中的重要转变。福柯认为这种差异虽然微小，却是十分重要的。拜尔基于观察的量化描述像是一幅图像，将我们的视点带入了可见的世界之中，而波姆的方式更像是一种没有过多实证观察的幻想产物。福柯论述道，这种转变并不是源于与先前的“想象”研究方式的自发式割裂。**这种本质上的改变是一种新的视角，一种观察症状以及其与人体内在关联性的全新方式。**

在认知与定义这一医学历史时期的过程中，福柯进行了一个与空间相关的重要分析：他认为医生的观察强化了对知识与病痛之间关系的认知，仿佛病痛的征兆在病患身体与医生视觉相互碰撞的空间中被重新分布了。 74

因此，福柯指出，医疗观察（以及它所需要的空间设定）逐渐被视为医学和那个时代的潜在认知范式中的重要因素。医疗观察的本质是十分复杂的：观察是被限制的，而且它的力量也正是来自这种限制。根据福柯的论述，审慎与怀疑的操作并不足以满足医疗观察的需求：观察必须根据“人体事件的起源”（genesis of the events of the body）来回溯其真相。在这个意义中，观察同样是分析性的：它必须拥有自己的逻辑，而逻辑又必须完全基于它所感知的性质（Foucault 2010: 133）。

支撑这种感知并确保它的科学准确性的操作程序涉及对尸体的解剖。这种对被剖开的身体所进行的观察是高度分析性的，而这个过程中所获得的知识逐渐地形成了在医疗科学中占据重要位置的病理解剖学科。根据福柯的论述，这里至关重要的是，解剖科学的形成对其他学科以及整体知识状况都产生了重要的影响。**这种基于解剖和观察的科学思维结构——深入到事物的内部进行分析，逐渐成为全部科学研究中默认的通用方式。** 75

在这些实践过程中，福柯将手术台的作用视为：

> 一种特殊的桌板，它可以使思维作用于我们所处世界的实体之上，从它们之中建构出秩序，将它们分成不

同类别，根据能够指明他们之间相似与差异的名称对它们进行组合——在这个桌板之上，从一开始语言便与空间相交了（Foucault 1991: xvii）。

用于并置和观察的操作台空间是临床医学为宏观科学发展作出的巨大贡献。其中，临床医学的发展对19世纪及其之后的建筑学也产生了巨大的影响。这种影响最为显著地体现在两个层面上：直接的影响是使得医疗实践拥有了更加宽敞和明亮的医院空间；间接的影响是指对建筑实践中勘查、解体、修复古老建筑的影响——例如，作为在19世纪30年代法国修复古老建筑的先锋倡导者，维奥莱－勒－迪克（Viollet-le-Duc）对韦斯莱（Vézelay）的罗马修道院进行了修复。对建筑进行勘查、解体和修复的观念源于当时的核心思维范式——而根据福柯的论述，这种思维范式正是源于病理解剖学和临床医学中的医疗观察。

76 **在福柯的分析中，最为突出的是他批判了死亡在临床医学的知识结构中得到了一种绝对的位置这一观念。死亡的身体成为原点，这个原点是所有对事件的科学回溯和映射过程的起始。**福柯完全认识到了西方临床医学及其所影响的其他科学体系均以死亡作为核心基础的奇特发展状态。他写道：

我们的文化中无疑有这样一个重要的事实：其最优先的科学研究是去关注个体如何能够超越死亡的限制。西方文化下的人可以在他们的眼中将自己建构为科学研究的客体，他会用自己的语言剖析自己，将自己纳入自己的认知中，并且只有通过这种对自我主体消隐所建构出的开放性中，人才可以将其自身建构成一种话语性的存在（Foucault 2010: 243）。

福柯在19世纪奇特的死亡中心论与当时神的信仰缺失现象之间建立起了联系。他论述道，在现代文化中，个体的经验与死亡的体验是紧紧缔结在一起的：

> 从荷尔德林（Holderlin）笔下的恩培多克勒（Empedocles）到尼采笔下的查拉图斯特拉（Zarathustra），再到弗洛伊德范式下的人，一种与死亡之间的固化联系呈现出了世界的独特面貌，并将被倾听的永恒权力提供给每个个体……（Foucault 2010: 243）。

在19世纪，在卫生学的发展以及与致死疾病进行抗争的社会实践与准则下，与死亡相关的观念涌现出来。由于大城市中，穷人居住的高密度区域面对着更加大量的死亡，因此这种现象在其中尤为突出。进而，在这种状况的推动下，城市边缘开始出现了新类型的公墓。其中著名的例子包括巴黎的拉雪兹神父公墓（Père Lachaise，1804）、肯萨尔园公墓（Kensal Green，1832）、海格特墓地（Highgate，1839）以及维多利亚时期伦敦的"宏伟七公墓"（magnificent seven）中的五座。在福柯的批判性分析中，墓地空间属于一种它属的空间（异托邦）——这一观点将在下文中进行讨论（参见第5章"空间性/美学"）。

建筑、诊所与城市

福柯与三位建筑师布兰丁·巴雷特-克里格尔（Blandine Barret-Kriegel）、安妮·塔拉米（Anne Thalamy）和布鲁诺·福捷（Bruno Fortier）合作撰写了一部关于现代医院起源的著作《治疗的机器》（*Les Machine a Guérir*，1995）。这本书由两个独立研究项目的成果构成：由福柯所领导的对集体工具的谱系学研究；由布鲁诺·福捷在1976年所领导的对法国大革命前的巴黎政治空间的研究。这个研究所涉及的议题包括医院治疗的发展，并且其中不仅关注了医院建筑的空间构成，同时还强调了其贯彻保证公共健康的机制。这部著作在建筑历史与医学历史上都产生了映射和影响。

78 我们可以在安东尼·维德勒对18世纪末和19世纪初医院建筑重组的研究中发现福柯的研究对医学历史的进一步影响（Vidler 1989: 51–73）。**在“健康的政治地理学”章节中，维德勒分析了福柯基于城市病理学和城市卫生保障政策研究对医学发展所产生的影响。**福柯的论述主要针对法国大革命时期。如福柯所提到的，那时财富的自然分配状态与自然的医学乌托邦巧合地重叠在了一起。维德勒引述了福柯关于19世纪试图回归医学自然本质的趋势的分析——其中这种回归试图通过饮食指导和普适训练来预防疾病，从而使医生和医院失去作用。**而且，维德勒论述道，整个城市病理学学科都是在1789年之后才发展起来——从奥丹－鲁维埃（Audin-Rouvière）医生的著作《巴黎的物理与医学地形》（*Essai sur la topographie-physique et médicale de Paris*）到奥斯曼（Haussmann）的《城市手术》**（Vidler 1989: 71）。维德勒总结道，这些并不是特殊的例子，对疾病预防的诉求已经影响了许多乌托邦的城市设计——从勒杜的绍村（Chaux）理想城市方案到勒·柯布西耶的韦尔特郡（Ville Verte），都很好地印证了这一观点（Vidler 1989: 71）。

在之后的著作《街道的场景：理想与现实的转变：1750—1871》（*The Scenes of the Street: Transformations in Ideal and Reality*: 1750–1871）中，维德勒借用了福柯关于18世纪的研究素材，例如在《临床医学的诞生》中所引述的德索（Desault）对1781年神圣医院中医疗手术的描写（Vidler 2011: 16–130）。同时，他遵循着福柯关于18世纪末临床医学中科学认知转变的主要观点，并将其映射到建筑与城市的对应现象中。在这一方面中，维德勒论述了雅克－弗朗索瓦丝·布隆代尔（Jacques-Francois Blondel）的学生以及1765年巴黎规划的设计者皮埃尔·帕特（Pierre Patte）如何“将一系列不同的城市广场融入一个统一的规划之中，并且这些广场设计当时已经提交到了对路易十五世雕像场所的竞赛中”（Vidler 2011: 30-31）。维德勒写道，在这个过程中帕特以近乎医学手术的方式，精心地将城市的一系列不同组成部分在这个新的规划中重新并置在一起。尽管帕特的规划比劳希耶（Laugier）的著作仅仅晚了20年，但是维德勒指出了它们之间的重要差异：

> 劳希耶观念中的建筑师类似于园艺师，而帕特所展现的建筑师是手术医生。曾经的城市像是一片森林，被各种种植的艺术所雕琢；而现在它被视为一个具有多种不同病症的身体，需要用医疗的手段来治愈（Vidler 2011: 32）。

维德勒对福柯的医学类比进行了进一步的拓展，他认为，城市开始被视为一个具有病症的病人，而不久之后，城市很快又被视为可以对自身的症状进行治疗的医生。维德勒论述道，在大革命的时期，科学家和医生都开始关注于城市整体，“并不仅仅是清理它的局部，而是为它构建出一个先天的健康状态”（Vidler 2011: 34）。他将通风、采光、排水、医院以及对旧的墓园的更替等方面罗列为治疗社会疾病（曾经被视为是政治或市民问题）的手段。通过运用福柯的素材来解释大革命之前最后几年中的城市主义，维德勒论述了曾普遍存在于巴黎城市运营阶层的广泛观念：

秩序井然的管理机制，以及从出生开始便对大众进行的关于清洁、健康锻炼、隔离社会疾病等问题的教育，最终将使得医学的存在不再具有必要性。那时，城市将呈现出其作为健康场所的积极作用，并且它的基础、街道、完美的公共空间都将重新回复其市政与庆典功能……（Vidler 2011: 35）。

80 后来，健康、自由、愉悦的城市愿景在大革命时期得到了实践，并且这种愿景一直在规划领域被看作一种典范。

监狱

对比之前的“考古学”方法，《规训与惩罚》（Surveiller et Punir，1975）标志着福柯向社会批判的回归，以及向他的“谱系式”历史研究方式的转变。**对福柯的解读者来说，可以达成共识的是，哲学家对考古学与谱系学之间差异的界定是模糊的。**而且事实确实如此。在福柯的研究实践中，这两种方式也在某种程度上趋于相似；**然而，如果在考古学的层面，概念与论述是被组织起来产生可操作的知识形式的话，那么在处理同样知识与文化层面的谱系学中，真和伪的基础会通过一种权力的机制被区别和分析**（O'Farrell 2007）。

81 如我们所见，在《疯癫与文明》《临床医学的诞生》以及《事物的秩序》中，考古学使得福柯可以在一种特定的层面去操作，进而取代传统现象学中作者作为阐述与认知主体的核心地位。考古学领域的研究范畴被限制在对不同时期的观念进行比较，从而未能涉及思想范式转换中的内在动因。**在谱系学中，福柯试图解决这种缺陷，并论证任意一种给定的思维体系都会受到历史语境的决定，从而并非完全是理性逻辑的**

必然发展趋势的结果。福柯的谱系学并不是对源头的线性搜索。他将谱系学视为一种特殊的探索方式。其中，对于那些“我们总是试图以脱离历史语境的态度去感受”的事物，我们便可以引入这种方式对与之相关的“事件特征”进行描述与记录（Foucault 1977: 139）。

通过对尼采的《道德谱系学》（*Genealogy of Morals*）的回应，福柯的目的是去论证繁复并且时常自我矛盾的过去往往会揭示权力对真理所产生的影响轨迹。通过在《规训与惩罚》中质疑与分析那些推演的真理，福柯论证了发现真理过程中的随机性，以及权力在追求其自我利益时的工作机制对真理的支撑。

在对一种新监狱类型的涌现过程的探索中，《规训与惩罚》一书剖析了曾在公共处刑中所采用的旧刑罚系统的消失过程。伴随着真实或想象的监视的再次出现，原本折磨与杀戮的刑罚被监禁所取代。**福柯解释了这种刑罚中的转变如何衍生出之后更加有效的控制方式，以及这种新的刑罚模式如何成为一种控制整个社会及其不同机构与实践的模型。**这种在之后被称为“全景敞视主义”（panopticism）（见下文）的模式并不是集权个体或机构所做的决策或阴谋的产物。相反，福柯论述道，以不同目的发展起来的技术与机构相互结合，并逐渐形成了全景敞视主义的核心观念，进而建构出了现代规训权力的体系。

82

福柯对现代规训社会的描述中，概括出了三种主要的控制技术：等级化的监视、正常化评判、检查——这些技术总体上实施于不同的案例中。对人的控制可以通过对监视的简单拓展而实现。因此，只需要一系列高度等级化架构的，并根据特定的策略需求而安置在空间中的监视者。通过这些监视者，信息可以从低层向高层不断传递。这种被探索出来的完美监视系统只需要一个个体便可以对所有事情进行戒备，这就如同杰里米·边沁（Jeremy Bentham）的全景敞视监狱所呈现的（见下文）。

福柯将边沁的设计与勒沃在凡尔赛设计的园林（c. 1663）相互并置。在这个前所未有的特殊园林中，各种各样的动物并不像传统中那样分散在公园中（Loisel 1912: 104-107）。相反，在园林的中心布置着一座八角形小亭，其中在一层有一个独立的房间，而国王在这个房间中可以透过每一面墙上的巨大的窗洞来观察笼子中的动物。福柯论述道，**这种后巴洛克式的建筑与景观为 18 世纪的医院、精神病院和监狱设计提供了完美的先例。**

身体、空间与装置

福柯分析并定义了规训的内在机制，并将之称为“装置”（dispositifs）——一种包含观念、机制、建筑形式、控制决策、律法、管理标准、科学阐述以及哲学、道德、慈善理念的高度异质化装置，并且装置的这些方面都被用于维系权力在社会中的运转（Foucault 1986: 194-228）。由于这些规训机制先天便是具有空间性的，并涉及建筑与其他学科观念的共存，因此在这里我们需要对福柯的一些案例进行简要的概述。

福柯在研究中关注于以下一些“装置”：1. 分配的艺术；2. 控制的行为；3. 组织的起源；4. 权力的构成（Foucault 1991a: 135-170）。而其中与建筑尤为相关的便是分配的艺术。根据福柯的论述，它涉及身体在空间中的分布，这种分布通过不同的技术手段而变得具有可操作性。

在这种装置的基础上，福柯指出了以下几种技术手段：1. 围护的设置——例如与寺庙、堡垒和有城墙的城郭相比，寄宿学校、军事防御、生产空间（工坊或工厂）所形成的具有“单一规训”目的的多样化空间；2. 区划（partitioning），其中围合的空间被分割，从而每一个个体都有独立的场所（而每一个场所都有独立的个体），并且其中成组的分配需要被避免；3. 根据医院、监狱、工厂等使用规则对建筑和场地的功能化组织；4. 等级化（规训是一门进行等级化的艺术）——一种对规训单元与位置安排进行流动与转变的技术；5. 权力的构成——关于策略的艺术。

84

来自于福柯与伯纳德 - 亨利·列维（Bernard-Henri Lévy）之间的讨论（1981 年）

福柯揭示出了“单元”、“场所”、“等级”等不同的规训系统如何建构一种同时具有建筑性、功能性和等级性的复杂空间。他写道：

空间提供了稳定的位置与可行的流线；空间切割出每个作为局部的个体，并且在他们之间建构出具有可操作性的链接；空间标示出场所以及其所暗示的价值；空间确保了每个个人的服从，但同时又保证了一种更好的时间与空间的经济性（Foucault 1991a: 148）。

福柯论述道，这些具有混合特征的空间既是真实而具体的——因为它们控制着建筑、房间、家居等物体的分布，同时又投射出一种对评价和等级的理想化安排。**在这里，福柯所指涉的是作为规训与单位权力的首要操作方式的“活化的图像”（tableaux vivants），这种方式能够将“模糊的、无用的或危险的群体”转变成一种“具有秩序的多重性”。**这里，分析 / 分配与监督 / 理解作为两种成对的操作手段，在这种 18 世纪的组织图表（既是权力的技术，又是知识的流程）中被关联在了一起（Foucault 1991a: 148）。

85

时间表与身体的关联

福柯分析了时间表等用于控制的手段，将其视为一种基于修道院生活的模型，并指出其主要包含了三个重要的操作方法：节奏、占用和重复的循环——所有这些都具有明显的空间性。而紧随其后的是“行为的时间计划”——其可以被描述成一种在时间维度上对行为所进行的序列式安排，这种方法主要衍生于军队中，并在之后应用于巴黎综合理工大学等学校的管理上。

福柯继续论述道，行为的时间计划（例如关联于特定时间点的行为）引发了一种身体与姿态的关联性，它强调的是“最优的姿态”以及身体的整体位置，以达到更高的效率，例如，训练学生在阅读和写作时的坐姿。紧接着这一论题的是对“身体 - 物体”关系的论述，这个关系被理解为遵循着同样的理性与效率脉络。而最后的原则——充分的使用，建立在非无业的前提下。在这一角度下，无业被认为是道德过错和经济欺诈。因此，任何的工作内容都需要进行对时间表的安排。

福柯分析了 1667 年巴黎工业学校（Parisian Gobelins school）的例子——该学校主要对儿童进行挂毯制作方面的技能训练与教育。**在这里，新的控制技术被发展出来以用于记录每个个体出席时间，这种技术规定了身体与权力之间的关系，进而使积累的时间更多地被用于工作中，并将这些工作转化为效益**。福柯在这里解释了时间的规训是如何被强调为一种教育实践的——其具体阐述了训练所涉及的一种不断增加困难的状态，这种状态揭示出一种线性的评价过程，而这个过程的时间发展在不断地趋向于最终的节点，例如教学与训练的完成（Foucault 1991a: 157-159）。 86

福柯所概述的最终的规训手段——权力的构成，是关于一种策略的安排、一种建构（关于身体、行为、训练所获能力的）机制的艺术，并且它们的影响会通过相互间的特定组合而被放大。福柯写到，在 18 世纪，策略被认为一种最高形式的规训实践，并且这种知识演变成了所有军事训练的基础（Foucault 1991a: 167）。他写道：

> 战争作为一种策略，也许可以被视为政治的延续。然而不能忘记的是，尽管"政治"与战争的关系可能是非明确的和直接的，但它至少已经是作为保证人类文明秩序的基本手段的军事模式的延续了。

这使得福柯总结道，当 18 世纪的法理学家和哲学家试图为社会身体建构来探索一种基础模型时，恰恰是军人（规训的技术专家）发展出了强制控制个体与群体身体的运转程序。

87 ## 隐形的权力

规训权力的主要特征之一是，它在一种不可见的状态下进行运转。福柯论述道，在18世纪之前，权力是通过可见的国王政权和“处刑用的绞刑台景象”被呈现和感受的（Foucault 1991a: 32-69）。权力对个体的施加能够保持在一种隐藏的背景中，并且没有直接的接触途径。**这种模型如今被反转了：新的规训强调一种在规训客体上的施加效果的可见性，与此同时，权力本身却保持着不可见性。**

将个体置于一种“档案与数据的场域”中的检查机制，使得控制得到了进一步的延伸（Foucault 1991a: 189）。无论是否自愿，这些个体都默许了权力系统可以通过出席记录、考试、医院病例等手段对他们进行控制。而在这些数据的基础上，权力顶层的个体可以建构出任何一种作为认知基础的准则。

88 权力的另一个特征是对人们尚未完成的行为的预先设定，例如一个个体并没有在进行其被要求的工作。这一特征描绘出了现代规训体系的主要功能：去纠正非常规的行为。这里，其目的不是去惩戒而是去改正。改正意味着其需要建立在社会标准和准则的基础上。对精确的准则进行强制（normalisation）规训的观念不同于之前基于审判刑罚的旧系统——通过参照法律去评判某种行为是否被允许。由于标准在教育项目、医疗实践和工业生产中被不断地构建起来，因此标准化观念也逐渐盛行于现代社会中。

在福柯分析的所有议题（包括隐形的权力、测试、标准化）中，权力与知识的关系比传统中“知识是权力”的观念更为紧密。**福柯认为在对人类的研究中，权力的目的与知识的目的是无法分而置之的：认知我们所控制的和控制我们所认知的，这两种行为将会一直相互关联。**

全景敞视主义、图解和监视

对于福柯来说，杰里米·边沁的全景敞视设计是承载现代规训权力的理想模型。这个空间模式是为一所监狱所做的设计，其中每个犯人被规划和分隔到一个个独立的牢房中，并且相互之间不可见。同时，每个犯人又无时无刻不暴露于一位处于中心塔的狱卒的监视中。这位狱卒并不需要一直监视着每一位犯人，但是他可以在任何需要的时候去进行监视。由于犯人从来不会知道他们是否被监视着，因此他们需要时刻保持着正确的行为。最终，控制将会通过一种内在的监视而实现——例如，监视将成为一种内在化的行为，而规训将通过犯人想象中的狱卒的监视行为来运转。这便是全景敞视主义的核心理念。全景敞视主义在监狱之外被拓展到了其他所有具有控制与规训权力的系统中，例如工厂、医院和学校。尽管边沁从没有建造出一座真正的全景敞视建筑，但是全景敞视主义的理念却渗透到了当代社会的几乎每一个方面，如同成为一种被现代规训模式用来取代前现代国王与法官政权的工具。福柯将全景敞视建筑理解为一种现代权力的图解。他论述道，全景敞视主义必须作为一种建筑模型被理解：它是一种权力机制（装置）最本质的形式——一种政治技术的图解。

福柯阐释说，他是在研究临床医学的起源和 18 世纪后半叶（医疗实践的改革期）的医院建筑时涉及了全景敞视主义的概念。他试图去挖掘医疗监视是如何被制度化的，如何被嵌入社会空间之中的，以及新的医院形式是如何同时作为新的监视类型的支撑物与效果的。福柯对一系列不同的医院建筑项目进行了分析，这使他注意到整个基于中心化监视系统的关于身体、个体和物体视觉的问题成了其主要的核心（Foucault 1986: 146）。福柯将巴黎军事学院（École Militaire）作为例子进行了讨论。其中，每个训练中的士兵都居住在一个具有中心化平面的建筑中，每个居住单元的背后都是一整面玻璃墙，从而他们始终处于上级的监视之中。边沁的兄长注意到了这个空间结构，并将其转述给了具有改革倾向的边沁，进而，边沁将这个结构命名为“全景敞视结构”（panopticon）——从而通过它完全可视的极端特征对这一概念进行了“加冕”（Foucault 1991a: 316）。

90　福柯通过详细阐述监视与全景敞视主义图解，对一种特殊的动态权力关系和规训机制进行了描绘。**在某种意义上，福柯对监狱或医院中存在于想象层面的警卫监视的思考可以追溯到拉康的心理学凝视的概念中——这一概念指涉一种由可能被凝视的感觉所引起的紧张和焦虑状态。这种感觉的效应便是通过将内在化的监视与主体自由/自主性的丧失联系起来，进而引发出恐惧**（Lacan 1987: 67-78）。福柯论述称，社会控制中的现代关系通过建立在监视的基础上，从而成为“景观（spectacle）的反转面”。

91　关于在君主政体中的视觉观念，福柯论述说，公共处刑的消失标志了公众视界的下降。在这一转变的基础上，现代的处刑方式引入了另一种改变：对痛感的消除。这是由于处刑逐渐成了刑罚过程中最为隐蔽的部分，其变化趋势的本质是在由理性治理的社会中逐渐将刑罚中的暴力因素掩盖起来。

处刑因此成为一种抽象，它的影响来自于其所导致的必然性结果，而非那种致命体验的冲击力（Foucault 1991a: 19）。**随着国王和独裁者被“规训”和“机器”所取代，景观的力量被削减甚至消失了**。当然，我们可以辩驳说，监禁、强制劳力和奴役刑罚仍然是在身体层面上的处刑。然而，这种刑罚与身体的关系在结构层面是完全不同于之前的。福柯论述道，监狱中的犯人不再处于圆形竞技场或是处刑台上，而是存在于一个由权力效应建构起来的全景敞视机器中。

在对全景敞视主义的总结中，福柯论述道，规训社会的形成与各个方面中的一系列历史进程相关联——经济的、政治的、科学的，并且它也成了这些历史进程的一部分。福柯强调说，总的来说，规训是一种在与各种权力系统相关联的人类复杂集合中确保秩序的技术。具体到 18 世纪，在福柯看来，这些规训机制呈现出一种系统中更好的顺从性和功用性，而这其中一部分原因是人口和生产物数量的上升。

92

关于顺从性，福柯认为，处于一种基本物质层面的全景敞视权力机制并不依靠社会中正式的政治结构。他指出，监狱与其进行行为纠正的处理手段被重新置于一个重要的转折点上——其中基于惩戒的律法权力被转化成了基于监视的规训权力。**在这个意义上，福柯建构出一个重要的观点：控制并不是基于“将权力融入惩戒之中的对法律的普遍认知”，而是源于它的“规则化延伸——在全景敞视技术基础上所形成的无穷无尽的记录网络”**（Foucault 1991a: 224）。

关于功用性，基于全景敞视的规训权力同样可以被视为一种通过将身体抽象为政治力量，从而以最小的消耗创造最大的功用的技术。这种特征已经与资本主义经济相互结合，并且衍生出许多重要的对身体进行控制的技术。福柯将这些手段称之为“政治解剖学”。并且，它们被应用于许多不同的政权、“机器”和机构中（Foucault 1991a: 221）。

虽然这些技术背后都具有一段独特的发展历史，但是在 18 世纪衍生出来的新趋势使这些技术开始相互组合，进而逐渐变得均质化。而且，这种趋势已经达到了一个特定的层级，其中知识的形成与权力的提升具有规律性地存在于一种循环过程中，并且相互强化。福柯将这一层级视为规训超越了“技术”阈值的状态（将它们自己扩散到不同的领域）。福柯在这里所引入的例子首先涉及医院，然后是学校，最后是工厂。他论述道，这些机构自身变成了一种机器装置，其中权力的生

93 长会导致知识的累积。福柯继续论述道，正是这种系统中权力与知识的关联性衍生出了临床医学、精神病学、儿童心理学、教育系统以及劳动的合理化等。福柯强调：

> 这是一种双重的过程：一种通过权力关系的调整而形成的认知论层面的“溶解”；一种通过新知识的形成和累积而构成的对权力效应的强化（Foucault 1991a: 224）。

建筑的复杂性在这些过程中占据着重要的位置。自从福柯对全景敞视主义的讨论出现后，建筑便无法再被视为一种中性的、单纯基于美学层面或功能层面的存在。在福柯所有的作品之中，《规训与惩罚》中所揭示的本质相关性最为受到建筑领域的关注。

建筑学与规训空间

建筑师在设计的任何阶段都会关注到空间关系、结构、视觉、可视性、视线以及景观等问题，因此福柯对规训本身的理解便与建筑学有着众多层面的联系。在这个意义上，由于许多建筑师和学者均以认同性的立场对福柯关于医院、精神病院以及监狱的论述进行过研究，因此我们可以认为福柯的观念在理论层面强化了批判性研究本体。

安东尼·维德勒的著作《关于围墙的写作：后启蒙时期的建筑理论》（*The Writing of the Walls: Architectural Theory in the Late Enlightenment*, 1989）不仅为建筑师重新思考18

94 世纪建筑打开了一个全新的空间，同时也对许多建筑学科中的固有观念提出了挑战。这个历史时期阶段——通常被标志为“新古典主义”或是“理性时代的建筑学”，在知识的结构、

机构的涌现以及权力的分配等视角中被重新进行了梳理。维德勒在其中对福柯进行了直接的引用，进而为这本书建立了一种非常特殊的理论语境。题为“关于刑罚的设计：大革命之前的监狱概念”的章节便是将《规训与惩罚》中的论述作为其理论基础，进而对有关这些概念和背景的档案进行分类与研究。

在其他方面，作为福柯思想的重要解读者，维德勒对“空间性”和“纪念性”等词汇的普遍认知也进行了梳理。他认识到了对福柯思想的梳理可能产生的观念误读（Vidler 1992: 172）。由于“空间性”与“纪念性”是两个相互对立的维度，因此维德勒特别强调要对两者的差别进行梳理。“空间性”是一个更加宏观的词汇，并且可以用来为具体的纪念物在城市力场关系的总体图解中建构出语境。维德勒指出，情境主义者（Situationists）和亨利·列斐伏尔（Henri Lefebvre）都曾认识到了这种差别。

维德勒在书中对大都会建筑事务所（OMA）在阿纳姆（Arnhem）完成的全景敞视监狱改造方案（1979—1980 年）进行了批判性解读。根据维德勒的观点，方案最主要的介入是发生在图像层面的：该方案设置了一种“对塔楼的横切”，就如同对规训机制的中心进行了切割。维德勒谈道，这种处理看上去就如同对旧监狱的全景敞视功能进行了自由式的消解，并构成了建筑师对福柯的解读（1992: 194-195）。尽管福柯关于权力与规训的论述深刻地影响了大都会建筑事务所及其他类似团体的设计观念，但是维德勒认为，我们同样需要避免对福柯思想进行过于表面化的解读（1992: 195）。

维德勒指出，在对不同现象进行比较的过程中，福柯总是在避免对事物过于简单的还原。福柯更加倾向于一种均质化的感知，将每一个革新的行为都视为具有衍生出重

95 大趋势的潜力——其可以让权力在没有任何抵抗能力的缝隙空间中不断地蔓延。为了论证这一观点，维德勒论述道，大都会建筑事务所的阿纳姆监狱项目设计可以被视为仅仅是对不同的外在权力形式进行了简单的置换——如十字形代替了圆环，然而这其中没有对任何内在权力层面的关系产生实质影响。

大都会事务所之后设计的伦敦南岸泰特现代艺术馆（Tate Modern）改造竞赛方案也呈现出了一种类似的策略。方案试图将旧车站的地表塔楼进行拆除，从而展现出一种对塔楼的监视与控制权力所代表的价值体系的抵抗。这种表面化的策略也使得大都会建筑事务所的提案过于文字化，从而难以形成真正的感知。最终，赫尔佐格和德梅隆（Herzog and De Meuron）赢得了竞赛。

为了对这一章节进行总结，我需要再一次引入保罗·赫斯特的作品。他的作品可以被认为是过去 20 年间建筑历史和理论领域著作的完美缩影。在《空间与权力：政治、战争和建筑》（*Space and Power: Politics: War and Architecture*, 2005）中，**赫斯特论述道，这本书所关注的是空间如何被权力所架构，以及空间自身如何变成权力的源泉。他讲道，由于空间变成了权力的基础，因此我们不应该仅仅去探讨普遍意义上的空间本身，而应该关注“空间－权力”关系背后的内在系统**（Hirst 2005: 3）。

赫斯特认为，由于空间具有某种可以影响权力运转、社会控制与语境冲突状况的特征，因此，空间不应该仅仅是一种服务于权力的空间坐标集合。

赫斯特受福柯影响所形成的批判性理论主要建构在三种空间尺度上：国家层面、城市层面，以及作为一种机器的建筑

96 层面。在其探索过程中，赫斯特定义出了三个主题：对排外

的领域化统治形式的维系；对不同政治系统中各种改革者的作用；对社会交流行为中空间和物质约束的维系。

赫斯特指出，福柯最好的作品建立在一个对特定环境的研究基础之上。根据赫斯特的论述，福柯在对具体的建筑空间类型进行分析的过程中，提供了一个可以阐明权力－知识动态关系的模型。因此，他的思想可以使我们从更加内在的层面去思考和理解监狱、医院、教堂、学校、工厂等围合性空间的结构逻辑。由于赫斯特本人本就对年鉴学派（Annales School）有浓厚的兴趣，而且他曾对马克思和尼采思想脉络中传统的建筑历史编纂学进行过重新解读，因此他将这一分析延伸到了军事防御的空间结构之中（Hirst 2005: 4）。

最为重要的是，我们需要认识到赫斯特对于将福柯观念引入建筑教育所作出的贡献。赫斯特从 20 世纪 80 年代初开始便在英国“AA”建筑联盟学院教授福柯的哲学和历史学，至今已经超过了 20 年。他就福柯思想所做的极具启发性的讲座与马克·卡森斯（Mark Cousins）（同样在 20 世纪六七十年代经历过法国和英国的左翼思想）一道，共同影响了那些曾作为研究生在英国“AA”建筑联盟学院学习历史与理论，并且之后在世界各地进行着教学、实践和讲座的建筑师与学者的研究方式。杰弗里·伦敦（Geoffrey London）、威廉·泰勒（William Taylor）、纳德·德黑兰尼（Nader Tehrani）、薇洛妮克·帕伦特（Veronique Parent）、伊娜丝·韦茨曼（Ines Weizman）只是这些学者中的一小部分。

97 第4章

身体

性史

对“性”这一主题的研究一直被认为是对社会中规训与控制的谱系学研究的延伸。福柯致力于将19世纪出现的性观念置于一种问题化的状态。对他来说，伴随着那个时代中知识与准则之间差异的涌现，以及进而所导致的个体对自我行为进行评价所参照的常规心理和规则的转变，性观念本身也需要从批判的角度被重新解读。

具体地讲，福柯是在试图定义一种方式。通过这种方式，我们可以在西方社会中建立一种“体验”，进而使得每个个体都可以将自我认知为“性”的主体。在完成了关于人类科学、精神病学、医学和刑罚的著作之后，福柯已经拥有了进行这一批判性研究的工具，他已经可以在生活的许多领域对人的体验进行分析（Foucault 1987a: 4）。

福柯的研究基于他对一系列性观念的理解——其中包括与权力运转相关的精神分析。**在对整个研究的概述中，他论证了性作为一种现代控制机制如何提供了一种新的管理知识。然而，福柯还谈道，这种新型控制的运转并不仅仅依赖于关于其他个体的知识；通过这种有关性本身的知识，每个个体同样可以实现对自我的控制——他们可以通过性的理论，以及通过观察他们自己在寻求认同的过程中的表现，来将这些准则内在化。**

98 与之前的研究方式类似，福柯在这里对17世纪早期的生活观念进行了研究——那个时期的人们在性观念上是完全不受拘束的，直到 18 和 19 世纪，性才成为了一种需要被监管的行为。进而，性逐渐变成了一种完全控制在婚姻配偶之间的行为——并被严格的限制在家庭的住宅之中，其中配偶的卧室成为这一行为的规定场所。这种被规定的行为意味着个体要避免与其他个体的身体接触。“贞洁”被反映在语言中，并与有关礼仪的类似规矩相关联。尽管妓院与心理诊所是被允许的，但是它们都被设置在隐秘的地带，属于“其他的维多利亚人”。性只能够存在于隐秘的场所之中——在“私下的、受限制的、规范化的话语之中”运转（Foucault 1987a: 4-5）。

尽管 20 世纪的精神分析等学科在有关性的历史发展中起到了巨大的作用，然而这在福柯看来仍是有限的。福柯相信这其中有更多的议题需要被认知和确定，包括律法的转变、禁令的消除、言论的自由、对日常愉悦的重新关注，以及与权力机制相关的全新经济系统的建立（Foucault 1987a: 5）。福柯总结道，这些必要议题的实现仅仅需要一种政治上的意愿和一套清晰的计划，然而在这些议题中，对我们自身的关注仍然被排除在外。

压抑的悖论

福柯对性观念进行批判性研究的目的并不是将性从通常观念的压抑中释放出来。与之不同，在福柯的“压抑猜想”中，他揭示了性本质与所谓的压抑之间的疏离状态。他说，性观念衍生于与权力关系相重叠的多重学科之中，而这些权力关系并不能简单地被理解为是被压抑的。

福柯通过质疑性自由、社会自由与政治革命之间的固有链接（他认为有太多的主观意愿被并置、混合在了一起），拉开了性观念与“压抑”议题之间的距离。在这一点上，他试图揭示出与有关性的话语以及真理相关联的观念语境。同样地，他也试图挖掘出更多的在推翻律法和宣告愉悦的新生活之间存在相关性的猜想。**福柯指出，压抑、对伪善的谴责以及对性的正当性的认同之间的假定联系已经使人们投射出一种关于性自由的不切实际的希望**（Foucault 1987a: 8）。

福柯强调，在那个性议题逐渐突显并得到认可的时期，认为性处于被压抑状态的观念显得非常没有根据。他揭示出这种误解，并总结道，有关性被压抑的论断和与其相关的“布道”本质上在自我矛盾地相互支撑着。

100

在这个意义上讲，福柯论述道，尽管社会对其自身的错误与沉默已经进行了超过一个世纪的荒谬谴责，然而事实上，它却同时在描述着关于“它并没有诉说的事物”的细节。通过这个过程，整个社会非常奇怪地对它内部所运转的权力进行谴责，以试图在其律法系统中进行自我解放（Foucault 1987a: 8）。

因此，福柯所关注的问题并不是“我们为什么被压抑？”而是“为什么我们如此的致力于宣称（这与我们过去和现在的现实状况相矛盾）我们被压抑着？”福柯试图去探索我们是如何逐渐开始形成这样的观念的。禁止、检查、否定等一系列权力机制是否真正属于性压抑的一部分？这种有关性压抑的批判性话语在本质上与性压抑本身相悖？或者事实上只是它的一部分？

在对这些问题进行解答的过程中，福柯指出，19 世纪的性科学（scientia sexualis）实际上拒绝以开放性的视角去处理其核心主体——性本身，反而是去关注与性相关的反常、变态和奇怪的心理状态。**在这个意义上，性科学仅仅是在探讨来自于中产阶级道德层面的、或被有关公众健康的医疗准则所定义的怪异性。福柯论述道，这两个议题既没有相互之**

间的对话，又没有真正触及“关于性的真理”。如果这其中存在任何仅有的产出的话，那么便是，我们可以认为性科学仿佛试图在性观念中阻止一切真正的理性知识的涌现。

101 福柯指出，19 世纪的医学实践目的是非常明确的，它们更多地服务于政治权力，而非对真理进行诉求。卫生保健等社会议题的出现与性病传播所造成的恐惧共同构成了纯净、伦理道德以及社会卫生等性观念的基础。因此，19 世纪所诉求的有关“性”的政治建立在四条包含了规训和管理方法的路线之上：1. 对规则的建立；2. 通过一种以群体健康为目标的运作形式来实现儿童的性启蒙；3. 有关女性的歇斯底里症——福柯将其定义为一种建立在女性身体基础上的权力机制，这种权力可以通过性观念以及为了后代健康而需要进行的医学治疗来完成其在社会中的渗透；4. 对扭曲性行为的精神病化（Foucault 1987a: 146–147）。

102 福柯认为，通过建立在“真理”的名义之上，这种观念与实践通常将“缺陷的”和“堕落的”个体置于各种排外驱逐和种族偏见的形式之中（1987a: 54）。而事实上，以这种方式所理解的有关“性”的科学观念具有非常大的问题：它是一种在有关繁衍的生物学知识和有关“性”病理学的医疗本质之间所进行的非常不恰当的混合。

在对这一猜想的论证中，福柯引述了让－马丁·沙尔科（Jean-Martin Charcot，1825—1893 年）在巴黎萨伯特医院（Salpêtrière hospital）的工作环境——该医院本质上是一个用于监视、检查、审讯和实验的巨大机器。福柯揭示出，这座医院同时也是一个用于煽动观念的机器，其方式包括公众演讲、具有精心设置的仪式感的影院、对病患与工作人员之间对话和握手等行为的操纵等。**福柯论述道，对于性经历的理解机制正是在这样一种对话语知识和真理进行诉求的紧**

张而兴奋的氛围中运转的，从而使得“性”成为一个有关科学真伪的议题（Foucault 1987a: 55）。

忏悔、真理与性

对于性的本质的建构具有两种基本流程：1. 性爱艺术（ars erotica）——主要出现于中国、日本、印度、古罗马，以及阿拉伯 / 穆斯林社会中，其主要基于个体的愉悦经验，而非基于绝对的律法；2. 科学的性观念，主要基于律法和规则。后者主要盛行于以基督教为主导的西方世界中。福柯论述道，我们所认知的出现于 19 世纪的有关“性”的西方科学建立在一种对几个世纪前便已经发现的真理进行再次诉说的机制中。这些机制具有它们自己的权力 / 知识体系，并且本质上基于一种忏悔行为——源于中世纪的精神运动。

103 **在对性的谱系学探索中，福柯分别研究了基督教中的忏悔流程、18 世纪和 19 世纪的人口统计，以及有关“性”的医学分析。福柯对有关“性”的知识领域的重要贡献是挖掘出了忏悔在整个西方文化认知中的潜在中心位置。**他认为，在数个世纪的漫长时间中，忏悔一直都是西方社会的核心基础，并且渗透和影响了我们存在状态的方方面面：审判、医疗、教育、家庭关系、爱情关系以及日常生活。忏悔的出现导致了我们在寻求真理过程中认知和思辨方式的转变。对真理的诉求不再基于观察——如同古希腊理论中的“看”，而是建立在忏悔之上——个体在对生活的经验过程中认知到其自身的（最终由上帝所给予的）命运。这种本质转变解释了一系列从前基督教时期开始的重要变化。并且，这也促成了福柯转而向古代晚期进行探索。

福柯指出，忏悔始终是一种自我检验。而正是通过这种自我检验，以及通过其衍生出的多重而短暂的印象，个体才可以唤起自己在认知生活本身时的基本信念。这种通过深度挖掘自我生活来进行忏悔的需求，深深地嵌在我们的文化之中。因此，我们不再在一种权力的推动下感知生活。生活对我们来说是一种中性的存在，我们可以认为包括“真理”在内的一切事物都深深地隐藏在其中。因此，福柯随后论述道，这些真理只需要一种媒介便能呈现到表面上来。而对于基督教信徒来说，忏悔便是一种自由的获取真理的途径；它是一种与使人陷入沉默的力量相反的存在。 104

尽管认识到“性”一直是基督教忏悔中的重要主题，但这并没有促使福柯认为性是需要被隐藏的；相反，福柯认为“性”可能一直是十分重要且无法被忽略的。**福柯回溯到古希腊时期，那时的真理与性是通过教育而相互关联的——“通过在不同的身体之间传递不稳定的知识，性成为一种学习的诱导媒介”**（1987a: 61）。**福柯论述道，这种观念与之后发生在基督教时期的状况非常不同。在基督教时期，真理与性是通过忏悔这种强制性行为而连接在一起的。并且这时与古代不同的是，真理变成了一种用于对“性”进行展现的媒介。**

根据福柯的论述，忏悔中的仪式观念在一种特定的权力关系配置中打开了对知识的诉求。这是因为，个体总是趋向于向具有权威的个体进行忏悔，并且这个权威个体会通过他自身的介入来评判、惩罚、宽恕、安慰或调停。由于忏悔会在其主体中产生内在的修正，因此通过忏悔的仪式，个体本身将被改变： 105

> ……它宽恕、挽回、净化个体；它为个体卸下过错的重担，将个体释放，并承诺对他进行拯救（Foucault 1987a: 62）。

忏悔将其自身置于一种新的探索领域和脉络中。它并不是简单地对过去发生的性行为进行回顾，而是去建立一种对它的分析、重构和描述，其中包括了与性相关的思维和幻想、对图像的回忆、欲望以及愉悦等各个方面。

在 19 世纪，忏悔在有关“性”的科学中被开展和运用。这促使福柯论述道，社会在对公共健康进行关怀的伪装下，第一次主动试图探索和倾听个体的私有愉悦（Foucault 1987a: 63）。通过这种方式，整个社会加剧了它去探求知识的动力，以及这个探求过程本身所产生的内在愉悦性，进而社会便像性爱艺术一样在自我运转。**这样一来，一种新的愉悦种类便可以衍生出来：在探求有关愉悦的真理中的愉悦，在认知到真理时的愉悦，在进行分析的过程中的愉悦**（1987a: 71）。知识、真理、权力和愉悦之间的复杂关系因此而演变得更加复杂了。

血统与象征 vs 性与准则

福柯对当前社会与过去看重血统关系的社会进行了对比研究。他分析了血统关系如何在权力的展现与仪式中长期扮演着重要的角色。**由于人类长期存在于包含饥荒、流行病和暴力威胁的社会中，从而我们可以认识到，只有血统才是可以建构出社会核心价值的重要组成部分。而根据福柯的论述，这种状况在古典时期被改变了。他揭示了一种在 18 世纪后期和 19 世纪逐渐被实现的新的权力机制，以及这种权力机制如何使得我们的社会将其组织范式的基础从血统的象征转变成对性的解析**（1987a: 148）。福柯论述道，虽然血统与律法、死亡、犯罪、象征、主权都具有密切的联系，然而“性”却建立在准则、知识、生活、意义、规训和管理的基础之上。

106

在建筑历史中，我们可以观察到两种同样的脉络关系以及它们所建构的层级关系。其中，一种特殊的建筑类型与血统关系所主导的社会生活息息相关，这种建筑主要涉及生活中明确的特征与现象，如死亡、象征、犯罪、律法和主权。在某种程度上，这种建筑可以在古代的、中世纪的以及直到17 世纪的遗迹中被发现。我们曾在阿尔伯蒂（Alberti）的《论建筑》（*De re aedificatoria*，1452）中阅读过这类古代建筑的案例。然而随着时代的更替，这种有关神秘起源、自相残杀、牺牲、宇宙、新老巴比伦和罗马、统治者、空气和血统密切相关的建筑逐渐被另外一种建筑所取代——这是一种有关准则、知识、意义和规范的建筑（如我们所知，这种建筑衍生于 19 世纪，并在现代运动中达到顶峰）。

同样重要的是，福柯指出种族主义等激进现象衍生于 19 世纪。在那个时期，这种现象最开始呈现为对有关定居、家庭、卫生保健、阶层以及产权的关注，之后伴随着一系列在身体、行为、健康等层面的实质性介入，并最终在纳粹主义中演变成了它们的终极形式（Foucault 1987a: 149）。

性、知识与美学感知结构

福柯研究的核心内容是揭示关于“性”及其历史的激烈争辩。这包括对古代时期传统哲学的深入解读。这项研究在福柯的晚年时期成为其主要的诉求。福柯的立场在于，对基督教时期道德的任何分析，都需要建立在与先前古代时期对伦理本身的理解进行比较的基础上。**这种立场使得福柯发现，古代的性、伦理与知识是在一种美学体验的结构中被相互关联的。**

福柯重点对 19 世纪维多利亚时代的“性”视角（将“性”视为一种严重的问题）与古希腊人对性的理解（性行为被视

108 为正常的、自然的和必要的，尽管其具有指涉虐待的潜在可能性）进行了比较。他对这种比较产生了浓厚的兴趣。其中，古代人的性更关注于对愉悦（chresis）的实现，并且包括了多样的性行为——例如异性性行为、同性性行为、婚姻性行为、婚外性行为等都会适度地被人们接受；而在基督教的道德架构中，这些都是被杜绝和回避的。福柯将“性”语境下的自由与真理视为其研究的核心问题。他具体地指涉了一个关于古代社会的问题——人对愉悦的诉求是否可以是真正自由的（Foucault 1987b: 78）。

福柯将古代时期关于“节制”（sophrosyne）的概念（自我控制，包括性爱约束）从基督教建立在“纯洁”观念基础上的对性爱限制的理解中释放出来。福柯论述道，古希腊人并不相信他们可以从杜绝性爱中重获无罪或是保持纯洁。他们所实施的限制本质上是为了保持自由。对于古代人来说，适度和自我规范是在统治他人时必须获得的能力（Foucault 1987b: 78-82）。

福柯分析了整个社会将“适度”的本质理解为“男性的”这一固有事实。尽管这一事实并不意味着女性没有节制的能力，然而这一美德却始终关联于男性，以及其与男人之间的关系。作为这种关联性的结果，“适度”被理解为是男性的，而“无节制”则被视为与女性有关（1987b: 82）。

109 福柯认为，作为有节制（正直）的男性生活的特征，自由/权力二元性与真理之间存在着必然的联系。根据亚里士多德的观点，统治一个人的愉悦和将他们置于理念（logos）的权威之下，会形成同样的结果。**智慧与节制的必然联系意味着个体不可能在缺乏一定知识的情况下实现自我节制。正如福柯所论述的，“个体不可能在追求愉悦中将自我建构成一个道德的主体，除非他可以同时将自我建构成一个知识的主体”**

（1987b: 86）。

欲望、爱与真理

为了更多地对古代人的生活进行论述，福柯引入了爱与知识的议题，并在其中参考了柏拉图的《斐德罗篇》（*Phaedrus*）——“灵魂正在与其自我进行着抗争，以抵抗欲望的侵蚀”（Foucault 1987b）。通过这些论述，福柯揭示了主体与真理之间的关系如何在被视为持久美的“爱”的状态中涌现出来。

福柯总结道，因此对于古代人来说，主体与真理之间的关系是一种为形成节制而建构出的具有结构性、工具性以及存在性的语境。节制不仅仅关于个体如何认知禁忌，以及如何净化这些禁忌所呈现出来的欲望。**节制同样是一种美学的议题——并且是美学存在的重要组成部分。美学的道德价值在其他决定因素之外还取决于某种在行使愉悦过程中的形式规则，以及这些规则所建构出的限制和层级**（1987b: 89）。

110

节制是被这样一种常规认知所引导的——它关于个体面对需求、时间和立场时的适当行为。福柯论述道，个体所承受的禁欲经历（例如，在追求救世和自由过程中，对通常意义上的享乐的限制）正是通过一种个人化的挣扎形式来建立起自我控制的力量。作为一种主动的自由体验，它无法脱离与追求真理之间的结构关系（Foucault 1987b: 92）。

在古希腊和古罗马，性与节制并不是通过对行为的规范或是对欲望的解读而被认知的，而是通过一种特定的美学体验来被理解。我们可以认为，这一发现对福柯的思想至关重要。由此，福柯可以将“性”理解为个体为他们自身所建构的一种愉悦的和必要的美学体验的组成部分。

这一发现证实了福柯对古希腊哲学的理解——他将其理

解为一种努力趋向美好生存状态（bene e beatovivere）的生活方式。这一认识与传统上对西方哲学的理解方式形成了鲜明的对比。在后者中，哲学的任务是寻求哲学真理，及其所衍生的关于生活的新教徒式的理想主义观念。

111 **真实的言语**

尽管在《快感的享用》一书中，福柯以柏拉图的哲学观念为出发点展开论述，但是他在细节层面的关注点更多地来自于他在 20 世纪 80 年代于法兰西学院所做的一系列讲座，其中包括了 1981 年和 1982 年名为“主体诠释学”（The Hermeneutics of the Subject）的课程——其主要以柏拉图的亚西比德（Alcibiades）作为出发点（2005: 25-43）。在这些讲座中，福柯关注于一种被称为“自我关怀”（care of the self）的概念，并对爱比克泰德（Epictetus）、塞涅卡（Seneca）、普鲁塔克（Plutarch）等作家的作品进行了评述，进而分析了自我关怀、城市政治、误导教育与自我认知之间的关系。

福柯在其中讨论了“真实的言语”（parrhesia）这一古代观念——其被认为是最为核心的政治与道德操守。福柯不仅分析了这一观念在欧里庇得斯（Euripides）和苏格拉底（Socrates）思想中的早期存在形式，同时还涉及了它在伊壁鸠鲁学派（Epicureans）、斯多葛学派（Stoics）、以及犬儒主义（Cynics）中的演变。**在传统哲学以及乔治·杜梅齐尔（Georges Dumézil）关于苏格拉底死亡论的一篇文章的基础上，福柯揭示了“自我关怀”如何引导我们挖掘自我的真理。这里主要揭示了一种可以衍生某种特定的个体行为的状态，其不仅要求个体的完全顺从，同时揭示了每个个体的本质。**福柯具体研究了修道院中忏悔和自我检验的行为（包括对“师父”阐述关于自我的一切），并总结道，中世纪的忏悔行为本质上是一种源于古代的“自我技术”的演变形式（Foucault 1987a: 58-61）。

112

通过引用著名的物理学家和哲学家盖伦（Galen，129-c. 200）的观点，福柯揭示了个体不断地对自我进行限定的需求。福柯认为，我们可以用一个非常特殊的比喻来阐释这种自我技术——它是一种灵魂向其自我的转向，“一种向光、现实、神圣、本质和天国的回归”。它同样是一种“在原点周围的环绕”，并最终“将自我转向自我并维持在那里”（Foucault 1983）。在这个过程中，福柯认为，为了能够学会新的事物，个体必须在意识中将先前的认知抹除掉（这是建筑学教育中不应遗忘的一点），因此，对于获得新知识来说，剔除误导教育及其造成的损害是十分重要的。

危机、自我和限制

在 1979 年，由于要研究一些极其复杂而敏感的话题，福柯从繁忙而拥挤的法国国家图书馆转移到了另一个研究场所——位于巴黎第十三区格拉西尔街的多米尼克派图书馆（the Bibliothèque du Saulchoir）。这一变化的有趣之处在于，它体现了福柯本人在地理心理学层面的状态。在这个新的环境中（其变成了福柯长期的研究场所），福柯作为米歇尔·阿拉布里奇（Alabric，Michel）（萨乌奎尔的僧侣和主管）的客人工作于一间小的阅读室中。福柯十分珍惜这段关系，并提及僧侣般的生活对他所产生的巨大吸引力。要不是他的无神论立场，福柯可能已经作为一名僧侣快乐地生活了（Macey 2004: 129-130）。

福柯在对他自身生活的映射过程中探索了自我关怀这一议题。他对离开学院并放弃写作这件事进行了深思熟虑的考量，并且承认写作并不是他有意计划或选择的。福柯的一位非常亲密的朋友艾尔维·吉贝尔（Hervé Guibert）回忆道，在接近十年的时间里，《性史》的最后两卷被不断地写作和重写，被毁灭，被否定，被重新思考，被删减，被扩充，而福柯将它称为一本充满了“怀疑、重生”和“高度的谦逊”的书籍（Guibert 1988; Eribon 1993: 322）。

然而，这两本书的目标是深度挖掘和解码现代个体以及他们自我意识的形成过程。与之前的著作相比，这些书卷的 113 风格是截然不同的，它们的论述语气十分平静。按照布朗肖的论述，这些书卷中的语句是相对平和和抚慰的（Blanchot 1987; Eribon 1993: 331）。**塞内加的作品是福柯最喜欢的读物之一。受其影响，福柯的整个人生也逐渐变成了一种平和和禁欲主义的状态。他仿佛采用了古代智慧中关于“存在风格”的思想。而根据德勒兹所指出的，福柯的人生并不被任何的历史观所驱动，而是源于一种对“我们当下”的关注**（Deleuze 1986）。在福柯自己的论述中：

> **真正对我产生冲击的是在我们的社会中，艺术成为一种仅仅关于物体的，而与人和生活都毫无关系的存在……但是，每个人的生活难道不可能成为一种艺术吗？**（Dreyfus and Rabinow 1982: 237）

在法兰西学院所做的最后一堂讲座中，福柯引入了关于禁欲主义的思想。福柯论述道，这种思想认为，对死亡的冥想是尤为具有价值的，这是因为它可以预先揭示出在广泛认知中被认为是最大不幸的事件，并在一种可能的语境中使个体认为死亡并不是一件不幸的事。根据福柯的论述，这种冥 114 想同时“提供了一种在所谓的预期过程中对生活进行回溯的可能性。在假象的濒临死亡的临界点上，个体可以根据他们自身的价值去评判其承诺过程中的每一种行为”（Foucault 1989: 165-166）。

福柯在法兰西学院进行讲座（1974—1975）

在福柯生涯的末期，关于个体自我关怀的讨论变得更为突出。由于认识到多样的历史动因（生物的、经济的、语言的）对人类个体生活的作用，福柯对限制的讨论既是哲学层面的，同时又是个人层面的。例如福柯所论述的，一个同时在经验层面和历史层面受到限制的人类个体在映射其个体本身的同时，会永远成为他/她建构和获取知识的源泉。

在这种重叠中，意识必须同时是一种再现的经验主义客体和一种进行理解的源泉。福柯概述了关于这一讨论的历史案例，他将其称之为“对限制的解析”——这可以被理解为对限制我们个体的外在状况的思考（我们作为主体与空间、时间和因果等问题的关系）。同时，这些外在状况又成为我们思维的一部分，进而也便成为建构知识的必要条件（Foucault 1989）。因此，施加在我们身上的限制在被建构出来的同时，也在建构着某些其他内容（如福柯所论述的，其同时是基础的和主动的）。在这种双重性的基础上，人类需要被视为一种同时具备经验性和超验性的存在，而且其中的任何一种属性都无法被忽视。

115 通过在经验和历史层面揭示出对我们自身的理解，福柯认为，其中最本质的问题在于对人类的现代认知否定了笛卡儿（Descartes）所提出的“我思故我在”（cogito）——一种纯粹认知所具有的独立透明性。思维不再是一种纯粹的再现，因而无法与一种“无意识”的状态完全隔离。**我们无法将“我思考”的内容等同于“我是”的内容，因为主体所涵盖的内容永远多于任何纯粹思考本身所涉及的内容。事实上，人类个体是一种活着的、工作着的、具有欲望的并且能够诉说的主体存在：这一现实使得任何一个个体都会超越纯粹的思维范畴**（Foucault 1989: 165-166）。

生命权力

生命权力的概念出现于《性史》的第一卷中。福柯在其中论述道，在19世纪出现的新的社会政策中，“性”成为对生活状况进行管理的核心要素（Foucault 1987a: 133-161）。福柯在这种转变中梳理出了两条线路：第一条与军队、学校等规训机构及其相关议题相关联；第二条则是建立在人口调查以及对人口、财富和资源的分析的基础上。这两条相互独立的探索与实践线路通过一系列机制而结合在一起，并构成了19世纪最为重要的权力运作方式。这其中，对“性”的利用是这一系列机制的核心组成部分（Foucault 1987a: 140）。

116 **在对马克思和恩格斯（Engels）思想的回应中，福柯论述道，生命权力是资本主义发展不可或缺的基础。然而，这并不仅仅是说身体需要被嵌入到生产过程之中；社会同样需要产品数量、人口数量以及个体可利用性和服从性的提高。**

在机构和企业保证了生产过程的同时，权力技术则运作于个体、家庭、学校以及军队之上（Foucault 1987a: 141）。**正是生命权力将人的聚积方式适应于资本的运作，将人类群体的生长与生产力的扩张相关联。在这个过程中，由于人类个体和产品都需要以某种方式分布于空间之中，因此建筑在建构这种管理人口服从性和产品生产的机制中发挥着重要的作用。**

在这一语境中，福柯指出了一个很少被关注的方面：他将其描述为“本质上的一种生活向历史的进入”（Foucault 1987a: 141）。福柯在这里指出，当 18 世纪的经济发展以及所引发的生产力的提高超过了人口增长的速度时，人类得以从饥荒和传染病所形成的传统压力中得到某种层面的释放。这种新形成的对生活本身的相对控制力为人类提供了一种理解生活的全新视角。福柯写道：

> 西方人逐渐认识到了在这个生命世界中，作为一个生命物种而存在意味着什么，以及拥有身体、生存状态、生活的无限可能性、个体和群体的安宁、可以被调和的外力、一种可以以恰当的方式去占据的空间意味着什么（Foucault 1987a: 142）。

福柯认为，在这种对历史和生活的全新理解方式中，人们可以将生活放置在两种不同的层面上去看待——“脱离于历史的生物环境之中”和“置于人类历史史实中、并结合了历史中关于知识与权力的技术的语境下”。**政治技术逐渐被应用到生活、身体、健康、生存状况、习俗、建筑，甚至包括了城市、乡村和开放景观等整个存在空间的规划问题之中**（Foucault 1987a: 142）。

福柯阐述道，“性”之所以在 19 世纪成为了实施生命权力的重要基础，是因为它与生活中两个相互隔离的重要方面均有密切的联系：对身体的规训和对人口的管理。福柯揭示道，“性”同时嵌入到了这两个方面之中。一方面，“性”引出了无尽的“监视、稳固的管控、极其精细地对空间的整顿、非确定性的医疗和心理诊断，以及关乎身体的整个微观权力系统”；另一方面，“性”涉及整个国家的身体状态——人口（Foucault 1987a: 145-146）。

118

准则、身体、时尚和相关艺术

福柯论述道，生命权力涌现的主要影响之一是，在司法系统被削弱的基础上促成了准则的出现。在理想状态下，准则会以一种最佳的流行方式将生活状态进行传播，从而在没有特例的基础上对生活进行修正。**由于管控生活的权力是关于如何将生存个体分布到有关价值和实用的领域之中，因此它往往需要一种连续的、规范的、纠正性的机制**。进而，涌现出的规范性功能便能够“限定、度量、评估、排列、而非通过严苛的光辉进行自我展示；它并不需要在主权的敌对面和顺从的个体之间画出明确的分界线；它潜在地影响着准则的散布情况”（Foucault 1987a: 144）。

在建立准则和规范性的同时，律法和审判机构并没有完全消失。在这个过程中，律法自身进而更像准则一样运转，而审判机构则被并入了国家的机器之中（例如，医疗、管理、教育机器等），而其运转也变得更加规范化。福柯总结道，在**这个意义上，规范化的社会和其规范性的机制均是权力技术在欧洲不断发展的历史产物。这个过程可以被视为一种回归，这是因为它在本质上不可逆转地使得规范化的权力可以被社会接受。**

119

为了能够维系生命权力，准则需要不断地激增，并且在这个过程中产生了许多影响。在主体层面中，人们所要求的是对生活、自我的身体、健康、愉悦和满足需求的权力，以及在所有的压迫和“异化”过程中去重新发现自我和自我可能性的权力。福柯论述道，在远古和古典时代，人类并不能理解对不同权力运作机制下的新环境进行政治回应的“权力”概念本身（Foucault 1987a: 145）。

准则的不断激增促成了建筑实践、室内设计、时尚设计的演变以及对品味的建立。由于福柯的研究方式从根本上解析了身体与空间的关系，因此它在探索建筑与其他相关工艺发展的过程中也有着同样的意义。在室内设计和时尚设计领域，法国家具和服装的发展作为同一种历史现象的组成部分而涌现出来，并且这种发展在当时揭示出了一种与人类身体的全新关系。

事实上，“时尚”（la mode）一词可以被追溯到凡尔赛宫殿。当时侍臣以及他们的服饰都是在路易十四的统治之下形成的。那时，奢侈品产业在皇室的管辖下出现，并且皇室本身成为当时法国时尚品位与风格的决定者。**在 17 世纪 70 年代（福柯将其定义为古典时期），法国时尚的出现例证了另一种在国王的主导下，由国家管控的身体控制机构的出现。这种时尚被涌现于文学、艺术以及由让·多诺·维塞（Jean Donneau de Visé）在 1672 年创办的《风流信使报》（Le Mercure galant）等社会性杂志中的相关论述所支撑。**这些时尚观念与设计和服饰产品一起被传播到法国之外，并且当时大部分欧洲国家都具有强烈的意愿去效仿法国国王的风格。 120

在结构性的层面上，基于包裹和褶皱的传统衣着方式并不能继续满足人们的需求。裁切技术（的时装）在新的衣着方式中变得更加突出和重要。这种衣着与人体轮廓的全新关系不仅仅需要对奢华感的把握，同时还要求一种对衣服支撑结构的更加精确的控制。 121

在法国中产阶级革命之后，时尚开始需要来自规范领域的另一种批判性介入。这种全新的制衣方式将布料裁切为由解剖学所决定的、与身体构成相关联的片段，它出现于 18、19 世纪可以被认为是更加功能化的。甚至到今天，我们仍可以看到这种特殊的裁切方式如何继续标识着欧洲人的衣着特征，并使之区别于欧洲地区以外的时尚。因此，这种在裁衣方式背后的潜在状态便是将规范化技术引向身体着装的重要影响之一。

另一个与之平行的现象出现在新的室内设计以及涌现出的家具、橱柜的制作方式之中。这两者的转变都可以被认为会与身体和规范产生新的关系。对坐、卧、储藏等元素的定义构成了扶手椅、床、橱柜等形式，并在其中建立出了关于时尚和标准的一系列限定。尽管现代主义时期的设计提案往往呈现出非常激进的状态，这些限定仍可以维系在那个时期，并一直被延续至今。甚至当今最先锋的设计师仍在继续设计床头柜、躺椅、衣橱、安乐椅以及其他在欧洲家具产业中仍然存在的家具类型。

品味

这种对知识、控制以及生活的全新态度与福柯所论述的准则相互融合。并且如同在艺术、工艺和时尚领域所验证的，这种态度伴随着 18 世纪有关品位的观念的出现被完全展现出来。这时，在环境、衣着、家具、室内以及建筑设计领域对品位的讨论便成为欧洲文化历史中的核心组成部分。**18 世纪在美学方面的哲学探讨便是受到了这种全新现象和类别的影响。尽管如这里所论述的，福柯并没有直接涉及艺术、时尚和建筑，但是他的思想却促使我们以这种方式对这些领域进行反思。上述议题以及更加广泛的主题，如“品位与权力感知的关系”、“材料实体如何主导品位感知”等，均可以被**

122

进一步探索。

《性史》这本著作最吸引人的地方在于，它既非关注于一个论题，也并非对一个系列的论题进行架构，而是打开了一个包含许多论题系列的集合。而福柯在其开端仅仅通过以一个问题去挑战有关"性"以及随之产生的"压迫"的固有观念，便做到了这一点。并且，这些论题系列的其中之一为我们建构出了全新的身体观念，并随之引发了我们对城市和公共空间发展的重新思考。

身体、建筑与城市

福柯曾对建筑学中的理性发展脉络进行过讨论，并将其视为自 18 世纪出现的、用来实现某种统治技术与目的的重要途径。他论述道，正是在这个时期，有关秩序和统治的议题正式涌现出来，并且这些议题涉及了"社会秩序应是什么状态"、"城市本身应是什么形态"等重要问题。福柯强调，从那时起，每一部有关政治的论著都会或多或少涉及城市、公共设施、卫生保健以及私有建筑等问题（Foucault 1991b: 239）。

福柯相信，他所处时代的建筑学开始意识到建筑实体与空间的双重性问题，并且已经对后者积累了足够的认识。在整个现代时期，直到 20 世纪 80 年代，建筑师认为他们的主要任务是设计建筑形式。**虽然这在很多时候并不是完全绝对的，但一定程度上是由于受到福柯和他之后学者的影响，建筑师才将他们的关注点从建筑形式转移到了空间本身的设计。而且更加重要的是，福柯论述了，所谓的空间并非中性的和空洞的，而是充满了各种层面的社会关系。他认为建筑的作用是对人进行分布以及对城市环境中的各种运动流线进行组**

织——在这一语境中，我们可以将建筑称之为“骨骼”。通过以这种方式进行运转，建筑介入到了对不同地点和场所（并非中性的，而是存在于权力关系的体系之中）进行组织和编制的实践当中。福柯写道：

> 对我来说，建筑存在于具有高度不确定性的分析之中，并且仅仅可以被认为是一种支撑要素，它保证着人在空间中以某种特定的方式进行分布，它既是人群流线的实体化，也是对他们之间关系的编码。因此，建筑不应仅仅被认为是空间中的一个元素，而应该是社会关系场域中的一种植入物，并且会在其中带来某种特殊的影响（Foucault 1991b: 253）。

124

福柯在一系列现象中揭示出了建筑在17世纪和18世纪进入到政治家视野中的本质原因。这其中涉及城市变成了一种用以思考法国等超大型国家的运转问题的基本模型。凡尔赛宫的平面以及它向外界无限延伸的、结构化的庭院便是这其中的案例之一。福柯论述道，在18世纪，城市不再被视为一种特殊的并且从场域、森林、公路中抽离出来的空间。相反，他写道：

> ……城市，伴随着它所衍生的问题，以及它所拥有的特殊形式，成为可以被应用于统治整个领土的合理方式的基础模型（Foucault 1991b: 241）。

这一论点进一步引出了两个问题：第一，当城市变得更大并且产生显著的变化时，城市与周围领域之间的平衡便会被改变；第二，当城市成为整个国家统治方式的试验模型时，这便暗示着之前城市的状态并不是一种基于理性的模型，而是一种发展过度并且需要更多关注的整体。因此我

125

们可以认为，对城市本身的控制在 17 世纪末和 18 世纪初变得日趋重要。

福柯在巴黎第 15 区沃日拉尔路上的住宅

福柯在这一议题中论述道，人们会认为，在对社会的管制过程中，只要国家的控制系统可以像城市一样密集而高效，那么国家便可以良好地运转。“管制”一词在这里并不是简单地指涉身着制服的人员的执法过程，而是一种整体上的“以统治为目的的理性机制”。这种机制基于法国的政权统治模型，其中政权“创造出一种对个体行为的管控系统，其中每个事物都可以以一种自我维系的方式被控制，从而不需要任何外部的介入”（Foucault 1991b: 241）。

由于城市可以在许多层面对国家和社会产生影响，因此我们清晰地认识到城市在这个过程中所扮演的重要角色。先前运用于城市中的关于“内”和“外”的观念可以被延伸到国家层面上（Fontana-Giusti 2011），进而国家之间的关系

也便可以通过城市之间的模型而变得有据可循。如今，我们通过重新审视主权观念及其相关概念（如“城市围墙”），并以国家边界的形式对其进行维护，进而使其得到了极大的强化。17 世纪以来广泛传播的地图里出现越来越多的国界数量便可以印证这一现象。

126

系统、关联和网络

18 世纪和 19 世纪的欧洲衍生出这样一种观念——政权需要一种统治性来穿透、刺激、规范和呈现国家中的所有机制。根据福柯的论述，这种观念发展出许多不同的想法和回应，其中 18 世纪政治思想留下的主要影响之一便是社会观念本身。福柯在这里所谓的社会是一种“复杂而独立的实体，它具有自己的律法、反应机制、规范以及动乱的可能性”（Foucault 1991b: 242）。

通过揭示铁路网络如何成为一种重要的空间和政治要素，福柯强调了 19 世纪发展基础设施所留下的遗产的重要性。**由于铁路提供了一种新的连接性，因此它所带来的影响是革命性的。**它曾经引发了一系列关于提高人与人之间熟悉性的推论，其中包括：不同城市的居民进行联姻的全新可能性；通过一种新的统一性来杜绝战争等愿景。

福柯继续论述道，电力是另一种改变 19 世纪城市空间和权力关系的新生事物。福柯补充道，如果脱离传统意义，真正创造空间的其实并非建筑师，而是工程师和桥梁、道路、铁路工人。在福柯的这一观点下，建筑师不再是空间的主要掌控者，因为他们无法控制其中的三个重要变量：领域、交流和速度（Foucault 1991b: 242）。

127

关于建筑的作用与特征，福柯论述道，建筑物不能被简单地定义为“自由的”或是“压迫的”。作为“压迫的”空间，同样可能被转变成进行抵抗和反对的场所——例如，没有任何一个形式本身是具有解放作用的。这是因为，自由本质上是一种需要去具体实践的行为。

当有些建筑物可以运转于不同类别的限制之下并且产生特殊的作用效果时，其对自由的保障能力并非是结构本身所固有的。当建筑师的意图与空间所涉及的使用者的实际行为相一致时，建筑能够强化它的作用效果。**但是，我们需要清楚地认识到，建筑师的意图和建筑空间的效果均起不到本质的作用。对于福柯来说，在对社会本身的分析中，没有任何事物是本质的。这是因为社会中根本不存在本质的现象，其包含的"只是相互间的关联，以及个体意图之间永远存在着的分歧"**（Foucault 1991b: 247）。而建筑正是在这种交互、分歧和重叠的语境中运转着。

128

性别研究、性与空间

罗列出《性史》所带来的所有影响是极其困难的。在过去的三十年间，"性"与"性别"的议题在我们的社会中获得了一种更加开放的理解方式。尽管有一些女权主义者反对福柯这一作品，但是其他大部分学者仍对福柯的思想进行着探索和研究。女权理论和福柯思想的交汇点已经在洛伊丝·麦克内伊（Lois McNay）和朱迪斯·巴特勒（Judith Butler）等许多学者的研究（McNay 1994）（Butler 1990，2004）中被涉及过。麦克内伊曾论述道，一方面，女权主义获益于对福柯作品的解读，另一方面，它同时也在某些方面对福柯思想的局限性（例如，初始改变的可能性）提供了具有建设性的批判。巴特勒的著作则将福柯的"压迫假设"理论延伸到了性别和身份的层面，并使之成为女权主义和同性恋理论的重要根源。**她在《性别麻烦：女性主义与身份的颠覆》（*Gender Trouble: Feminism and Subversion of Identity*，1990）一书中论述道，性、性别和性征类别的表面连贯性——**

例如对异性的欲望，是一种通过在时间和空间中不断重复的行为而形成的文化建构结果。受传统惯例的影响，这些身体行为建立起了一种本质的、核心的性别表象，巴特勒将这种表象定义为是具有表演性的。巴特勒论述道，这并非一种自愿的选择；她将对性别、性和欲望所进行的建构放置在了福柯在《规训与惩罚》和《性史》第一卷中对规范准则所完成的批判语境之中。

129 在性别议题上的著作同样激发了建筑学领域对相关议题的讨论，并且这些讨论曾以一系列批判性文章的形式发表于《性与空间》(*Sexuality and Space*, Colomina, 1992)、《欲望机器：建筑、性别与交叉学科》(*Desiring Practices: Architecture, Gender and the Interdisciplinary*, McCorquodale, Wigglesworth and Ruedi, 1996)、《性与建筑》(*Sex and Architecture*, Agrest, Conway, Weisman, 1996)/《协调的栖居：性别在现代建筑中的空间生产》(*Negotiating Domesticity: Spatial Productions of Gender in Modern Architecture*, Heynen and Baydar, 2005) 等著作中。在这些著作中，我们可以看到与性别相关的讨论如何进入了建筑领域。尽管我们可能会发现，这些讨论所涉及的方向截然不同，然而我们在总体上却不可能再忽视与性别相关的批判性议题。这些差异化的题目涉及了从批判女权主义——例如批判对女性观念的排斥和人类中心论等主题 (Agrest 1996)，到批判以男性为中心的空间等级体系等多种主题 (Wigley 1992: 345-346)。

在《无题：性别的房子》(*Untitled: The House of Gender*) 一书中，马克·维格利 (Mark Wigley) 重点涉及了福柯作品中关于身体和建筑的部分论述。维格利论述道，对身体的规训是一种对"称为女人的文化产物"的传统规训的延伸，并且这

种规训被所谓的“女性由于过于融入这种流动的实体世界中，从而不再有能力对她自身进行控制”的观点所支撑（Wigley 1992: 345）。通过对福柯思想的回应，维格利提出，我们讨论空间时可以达成共识的是，空间可以被完全地机构化，进而为个体建构出一系列特定的存在状态（Wigley 1992: 345-346）。

130

在阿格雷斯特（Agrest）和维格利等建筑理论家的著作之外，由福柯思想所引发的关于性、性别、城市等方面的讨论还可以在伊丽莎白·格罗兹（Elizabeth Grosz）、朱丽安娜·布鲁诺（Giuliana Bruno）以及理查德·桑内特（Richard Sennett）等当代评论家的思想中被找到。例如，哲学家和女权主义者伊丽莎白·格罗兹在她关于身体、空间和城市的研究中，通过引入福柯的思想，超越了传统身体认知中的对立关系。她借助福柯关于“权力的微观技术”的讨论，建构出一种对身体的全新理解。她论述道：

> 身体可以被认为是有机的/生物的/自然“不完整的”；它是非确定性的、无定形态的，具有一系列相互间不可调和的潜在性，这些潜在性需要社会层面的触发、调整以及长期的“管理”，进而在每一个文化和时代中被福柯所谓的“权力的微观技术”所管控（Grosz 1992: 243）。

格罗兹将城市理解为一种网络，这种网络可以在想象和现实空间中，以一种离散的方式，将一系列不相干的社会活动、进程和关联联系在一起。在对身体与城市之间关系的讨论中，格罗兹便是从《规训与惩罚》和《性史》出发，对与微观权力观念相关联的城市文化机制进行了描述（Grosz 1992: 241-249）。

身体“在过去三个世纪的文化生产中获得了越来越多的关注”（Bruno 2007: 102）。在《公共亲密性：建筑与视觉艺术》（*Public Intimacy, Architecture and the Visual Arts*，2007）一书中，艺术史学家朱丽安娜·布鲁诺试图通过一系列关于艺术、建筑和公共空间的论述来探讨关于身体和公共亲密性的问题。通过在博物馆和电影研究的语境中探索建筑作为一种记忆框架的作用，布鲁诺从另一角度回应了福柯关于身体议题的探讨：

> 电影可以被理解为对身体构造的探讨，因而它与人体构造方面的科学探究具有同样的认知基础（Bruno 2007: 102）。

131 布鲁诺阐释道，这同时是一种科学上和哲学上的现象，它可以通过一种基于再现规律的谱系脉络向前追溯。作为福柯思想的延伸，布鲁诺阐释了医疗领域对身体的探究（与电影的出现相契合）如何将作为分析工具的观察行为做了进一步的延伸，进而促进了与其他领域相关的可视化工具与技术的发展（参见该书第 3 章“科学观察的出现”）。

在“性”这一主题上，历史学家理查德·桑内特（Richard Sennett）与福柯的观念有着较高的相似性——这种相似性不仅仅体现在他们共同完成并且包含着各自独立署名文章的著作《性与孤独》（*Sexuality and Solitude*，Sennett and Foucault 1981）中，而且还存在于一种更加广泛的层面上。桑内特曾提及，在 20 世纪 70 年代，他与福柯共同开始了对人体的研究。我们可以在桑内特关于身体和城市的著作《肉体与岩石》（*Flesh and Stone*）中看到福柯思想的影响（Sennett 1994: 26-27）。在书中，他讨论了与福柯共同关注的性议题，并同时强调了愉悦与痛苦的重要性。更加重要的是，以解读福柯的《性史》的后两卷为基础，并且受到了福柯离世所带来的悲痛影响，桑内特认识到痛苦的概念其实远远超越于他最初在《肉体与岩石》中所建构的那种理论解读（Sennett 1994: 27）。进而，通过对福柯思想和身体议题的深入剖析，桑内特在他关于城市生活与肉体经验的书中，最终呈现出人类知识与生存之间深刻的相互关系。

空间性 / 美学

空间性及其关于异质性、无限性、空间化语言的议题

福柯的写作是极其视觉化和“空间化”的。他的文本中充满了大量鲜活的图像，从而衍生出涉及了观看、表面和空间本身等议题的空间性理论研究。在这最后一个章节中，我将试图在“空间性”这一标题下对福柯思想中的这一特征（部分会与他关于艺术和美学的论述相交叉）进行梳理。我的阐述所基于的文本包括《论异托邦》（*On other spaces*，Foucault，1993）、《死亡与迷宫》（*Death and the Labyrinth*，2004）、《语言、反记忆和实践》（*Language, Counter-memory*，*Practice*，1977）中的《哲学剧场》（*Theatrum Philosophicum*）、《美学、方法与认知》（*Aesthetics, Method and Epistemology*，1998）中的部分节选，以及《言与文》（*Dits et écrits*，1994）的第四卷。这些文本所建构出的理论背景将会在空间层面被阐述，我们进而可以对福柯思想中的另一个转变进行阐释——他的思想如何从早期作品中对空间隐喻的探讨转向后期对空间本身的关注。

福柯的思维方式一直都是动态的和空间化的。他的思想会给人一种在三维空间中被逐渐展开的印象。他动态而直接的写作特征源于他对其作品独特的自我认知。他从不认为他的作品是一种简洁清晰的历史——在对这种历史的写作中，作者往往会从零开始，通过自上而下地建立一种整齐的结构来对历史进行展开。福柯从未以这种方式建构过这样一种实证

主义的历史。**他所感兴趣的一直是一种交叉的、重叠的、相互影响的论述。而且，与德里达不同，在某种层面上，可以**（133）**认为福柯一种更加难应付的作家。他倾向于在作品中直接涉及某种政治立场，不仅他的写作具有实质的社会作用，而且他本人的行动往往会产生更大的效应。**

福柯总是试图保持论述的简洁性，并通过这种直接的信息交流方式建立一种更加有意义的对话，以及一种激发他者积极介入的平台（Foucault 1986: 64）。我们无法回避的事实是，福柯在论述中所指涉的空间和领域并非是稳定的、有序的、笛卡儿式的，而是探索性的、倾斜的、间接的、被一系列关于感知和知识的问题与经验所驱动的。而这些非常规的空间之所以值得关注，是因为福柯的简洁论述在这种复杂的地理中可以建构出一种特殊的感受，进而为衍生后续的行为和鲜活的思想提供了可能性。

福柯对位置、移位、场所、场域、领域、范围、地平线、群岛、区域以及景观等空间概念的作用均进行过阐述，并通过对这些词汇的词源给出谱系学层面的综述，指出了它们可以回溯的共同的军事背景。例如下列情况："移位"与一个分遣队或是一个集群的军队的位移相关联；"区域"源于军事上的区划（从管理到命令）；一个省（province）指涉一个被占领的领域（源自于"pro-vince"）。而在福柯所阐述的其他空间词汇中，领域和范围是一种在政治 - 律法层面的观念；（134）"场域"是一种经济 - 律法方面的词汇；地平线和景观是源于图像化的思维（Foucault 1986: 63-77，68-69）。福柯揭示出了这些词汇在描述权力与知识关系时的重要性，并且补充道，如果知识本身可以通过一系列策略性词汇来分析（例如领域、范围、移植、置换），那么任何对知识与权力关系的进一步探讨都可以被轻易地开展，并且被"生动地展现"

(Foucault 1986: 69)。

论另类空间（异托邦）、历史与异质化空间

福柯对空间的直觉和论辩吸引着大批建筑师的兴趣。这些建筑师的文本中经常提及他对异托邦的探讨（参见第 3 章中对作为异托邦的墓地的讨论）。福柯对异托邦的讨论源于他在 1966 年所参加的、由一群建筑师组织的、关于空间的研讨会。这次在巴黎建筑研究中心(Centre d'Étude d'Architecture)的研讨会的成果被收录在名为《论异托邦》(Foucault, 1993) 的文集中。根据对这次讨论会的普遍解读，我们可以知道，一位心理学家在会上对福柯提出了质疑，认为他并没能以一种更加辩证的方式去思考时间。

福柯经常提及这个事件，以此来揭示当时在空间问题上的主导思维范式对20世纪60年代之前的法国(甚至更为广泛的)学术领域的影响。**在这种时间与空间的对立中，福柯采用了一种基于离散地理学式的方法。他通过这种方法挑战了传统中基于连贯性的历史观，及其同时期的固有思维范式。福柯认为，对于起源问题的现代诉求促成了对时间的存在意义的理解。福柯对这种意义的检验和挑战引出了一种将空间视为相关知识类别的认知**（Philo 1992: 141-143; West-Pavlov 2009: 112)。

135 福柯论述道，如果说 19 世纪的主要议题是关于历史（与时间）及其发展、停滞、转折、循环的主题，那么统领 20 世纪的讨论客体则转变成了空间本身。福柯认为，我们其实一直被困于这个转变过程的辩证关系中。如他写道:

> 我们正处在一个同时性和并置性并存的时代，其中包含了近和远、紧凑和离散。在我看来，这个时代中的世界并非通过它自身去检验一种在时间中不断生长的重

要生存方式，而是去探索一种可以将各个元素相互连接并在它自身中创造出一种混杂状态的空间网络的可能性。也许我们可以说，促成了我们当今时代争议性的正是某种介于时间信仰和空间栖居之间的意识形态冲突（Foucault 1993: 420）。

在关于异托邦的文本中，福柯勾勒出了西方空间的历史。他认为西方空间是层级化的，融合了神圣的和世俗的、城市的和乡村的、封闭的与开放的或未被保护的领域场所（1993: 420）。福柯强调，根据中世纪盛行的宇宙认知理论，星空化的场所与领域化的场所形成了鲜明的对比。伽利略（Galileo）坚持认为空间是无限的，进而拓展了被福柯称之为点位化场所的“中世纪空间”。福柯论述道，伽利略通过这种做法将中世纪空间进行了消解，进而形成了一系列重要的影响，包括：事物的位置不应再被认为是固定的，而应被认为是在无限的宇宙中持续移动的。

136

根据福柯的论述，这意味着世界中不再有任何事物是永恒固定的，我们所拥有的只是由元素间一系列近似的关联所定义的暂时性的分布，而这种状态又反过来引出了一系列关于分布、定位、人口统计、序列规律的问题。我们可以从福柯的文本中读到：

在一种更加具体的层面，位置的问题对于人们来说会涉及人口统计。地球上栖居者的分布问题并不仅仅涉及是否有足够的空间提供给所有人——当然这个问题在任何情况下都是非常重要的，同时还涉及“临近人口之间的关系是怎样的”、“在这种或那种情况下，根据所诉求的目标，人类所持物品的储存、流通、索引和分类应该是怎样的”

等问题。在我们的时代，空间将它自身以一种有序图案的形式呈现给我们（Foucault 1993: 421）。

在对巴士拉思想的回溯中，福柯提醒我们，我们所居住的并非是一个均质化的空间，而是一种充满了各种属性的空间：这个空间包含着我们主要的感知、我们的梦境、我们的情感，并且拥有着许多自然的属性——它可以是明亮的、轻盈的、透明的，或是昏暗的、倾斜的、浑浊的；它可以是高耸的、山峰式的空间，也可以是泥潭式的、压抑的空间；它可以是流动的空间，也可以是岩石般稳固的空间。福柯论述道，尽管这种分析看上去十分基础，但是却涉及了内在化的空间本质。**另一方面，福柯本人更加倾向于避免在将外部空间与内部空间分而治之的情况下去探讨他将其定义为“体验性空间”的外部空间：**

> **在这个我们所生活的空间中，我们个体自身被建立起来，我们的生活、时间和历史也被不断侵蚀。这个空间在将我们包裹起来的同时，也装扮着我们。这个空间自身便是异质性的。**换句话说，我们并非存在于一种真空之中……而是在一系列的相互关联之中。这些关联定义着我们的位置，它们在任何情况下都既不能被等同，也无法被重叠（Foucault 1993: 421）。

137 福柯的兴趣点之一是对空间排列的研究。其中，尽管空间本身由一系列相互关联的单元的奇特属性所定义，但是它们同时会在这个过程中不断地“中断、中和或转化”它们自身所设计、回应或反射出的关联体系。根据福柯的论述，这些空间在总体上可以分为两类：乌托邦和异托邦（Foucault 1993: 421-422）。乌托邦并没有实体的空间，但是却能在总体上呈现出一种与社会现实空间之间直接或间接的类比关系。另一方面，异托邦是真实且实在的空间，但是它们却只能在非常独特的社会机制中被描绘出来。福柯写道：

> 异托邦构成了一种与被实现的乌托邦完全对立的布局，其中所有的真实布局（那些可以在社会中找到的布局）都会在同一时间被再现、挑战和颠覆：那是一种存在于所有空间之外，并且未能被真正定义的场所（Foucault 1993: 422）。

异托邦是特殊的、神圣的或禁忌的场所，通常为个体在危机的时刻而保留。通常，异托邦能够在一个现实空间中对多个相互之间不可调和的空间或场所进行并置，例如在剧院、电影院中，抑或在传统的庭院中。更加重要的是，这些空间可以与不同的时间片段相关联，例如在博物馆、图书馆、游乐场、度假酒店等场所中（Foucault 1993: 419-436）。

138

异托邦具有边界，以及与边界相对应的开合系统。这使得异托邦可以根据不同的情况而变得孤立或可渗透。通常情况下，个体并不是根据自己的意愿进入到异托邦场所；个体或者是被强制带入——例如在堡垒和监狱的例子中，或者是由于必须完成的净化仪式而进入——例如在类似洗礼仪式的例子中。

在福柯的思想中，异托邦的功能介于两种相对立的极端之间：一方面，异托邦呈现出一种创造错觉空间的作用，这种错觉空间可以揭示出“真实”空间如何更加的虚幻；另一方面，异托邦中可以形成另一个完美布局的空间，而现有空间将会从这个空间中以一种无序的状态涌现出来。

值得注意的是，这篇写于 1967 年的关于异托邦的文章涉及了寄宿学校和营地等场所，这都成为七年之后在《规训与惩罚》中对监狱和堡垒空间进行深刻分析的序幕。在下一部分中，我们将会描绘出这种思想上的空间化过程是如何发生的。

话语的空间化：从空间隐喻到话语性空间

福柯在文本中通过图像对话语性空间进行了例证，其中包括空间的对比、隐喻、布局以及生动的图片。这些图像都具有叙事、修辞和认知层面的功能，并且以不同的方式帮助读者去理解复杂的思想。

福柯具体区分了两种空间隐喻：一种被简单地用来进行描述；另一种则被他作为物体而“推崇”和研究。福柯所定义出的第二种——出现在 17 世纪的空间隐喻，展现了一种在知识的空间化层面中尤为明显的认知转变，而其中知识的空间化也成为构成一种作为科学的知识的重要因素（1991b: 254）。

139

作为叙事的空间隐喻与福柯所研究和“推崇”的空间隐喻之间的差异来源于它们的不同用途，而这些用途揭示出了从空间隐喻到空间观念的逐渐转变。对于建筑师来说，这种转变是意义重大的，因为每个空间观念都会描绘出某种特殊的空间——例如福柯的话语性空间或话语构成的空间，其中话语将会在机构、建筑和城市的形式中与物质化空间进行交互，例如在展览或博物馆等空间中（参见第 2 章“阐述、事件、话语的构成”）。而这种交互反过来又打开了新的思维领域，如保罗·韦纳（Paul Veyne，1979）、韦斯特－巴甫洛夫（West-Pavlov，2009）、保罗·赫斯特（Paul Hirst，2005）等人所论述到的。

作为一位历史学家以及福柯的好友，保罗·韦纳第一个指出了福柯思想中的这个转变（Veyne1979: 203）。**韦纳和韦斯特－巴甫洛夫（后者引述了前者）指出，福柯的思想从通过图像和隐喻对空间话语的理解（《事物的秩序》和《知识考**

古学》）转移到了一种关注真实空间的领域，其中话语与建筑都成为权力关系与权力运转的重要组成部分（《临床医学的诞生》和《规训与惩罚》）。

福柯曾反复论述道，他的思想之所以逐渐呈现出空间化的根本结构性原因是：他所运用的空间隐喻基于17世纪和18世纪的古典知识，而这些知识却是通过对科学研究客体的空间化而被建构起来的。**正如林奈（Linnaeus）描绘下的自然历史所呈现的，分析的原则是只去研究那些在被空间化的物体上可以视觉呈现出来的事物。因此，福柯继续论述道，这种空间化的状态一定会在分析中重新涌现出来**（1991b: 254）。他解释道： 140

> 17世纪认知层面的转化和变形所形成的最重要的影响便是知识的空间化作为重要因素之一，使得人们可以通过对知识的阐述来建构科学。如果林奈的自然历史与分类是可行的，那仅仅会因为某些特定的原因……其中包括了物体是空间化进程（Foucault 1994: 283-284; West-Pavlov 2009: 115）。

福柯认识到，这种呈现出来的知识客体的空间化分布取决于其结构的规则，例如其元素的数量、分布、宽度、高度等。**我们可以找到其他能够推动知识生产的空间布局和媒介的例子，它们在这个过程中会利用图示、印刷和编书等不同的技术对知识生产作出贡献。这些技术作为特殊的机制，可以对内容进行架构，进而使得它们逐渐被认知为科学知识的组成部分。**

因此，再现这种方式，以及它对物体的空间化和架构，可以对任何关于客体的知识产生直接的影响。在这个语境下，建筑与其图纸、模型以及其他在空间上或体验上的实例都会对观念、知识和实践产生影响。当福柯特别论证了这一过程 141

如何在科学领域中发生作用时，同样的认知范式也会出现在建筑及其相关的艺术领域中。

例如，在17世纪的英国伦敦，罗伯特·胡克（Robert Hooke）和克里斯托弗·雷恩（Christopher Wren）等学者在进行他们的科学实验或提出他们的建筑与城市设计设想时，都会使用视觉艺术家和蚀刻家温斯劳斯·霍勒（Wenceslaus Hollar，1607—1677年）的作品作为参照（Fontana-Giusti 2012: 21-33）。霍勒对伦敦市地形的再现被认为是城市空间形态的最佳例证。在他的日记中，胡克论述道，霍勒的这些地形再现是通过他在“自然与人类历史的综合研究”中运用的一种“科学方法”而实现的。由于其能够准确地标注出伦敦大火前后的建筑与它们的地基位置，这些地形再现随后成为被法律承认的可以用于伦敦城市（包括了圣保罗教堂等重要建筑）重建的科学性范本。由此，霍勒的再现手段及其显现出来的空间用途和局限性，定义了随后的建筑知识与实践的领域（Fontana-Giusti 2012: 21-33）。

142

福柯总结道，17世纪的知识变化标志了古典时期中的一个重要的认知转型阶段，其中空间技术不再只是隐喻，而且还涉及了实际的作用（Foucault 1991b: 254）。在古典时期建立的物体和有机体的空间性，为知识生产过程中进一步“架构”对客体的科学研究，提供了一种基础网络。在其绝大部分作品中，福柯都对这种空间性本身以及它对知识产生的影响进行了挖掘，从而揭示出空间通过对物体、阐述和知识所进行的设置、布局以及空间化，将它们转变成概念的能力。

先锋派与空间语言

在对观念、阐述和知识的全新论述中，福柯主要引入了先锋艺术家和思想家的作品。像尼采一样，福柯同样关注于非传统的哲学主体，如文学、艺术、音乐等可以在生活中产生全新认知的领域。这种方式可以在福柯对雷蒙·鲁塞尔（Raymond Roussel，2004）、乔治·巴塔耶（Georges Bataille，1977）、莫里斯·布朗肖（Maurice Blanchot，1989）等 20 世纪先锋作家的作品的兴趣和探索中得到例证。我们现在将会简要涉及这个在福柯的《死亡与迷宫》以及相关文章中占核心位置的领域。

143

巴塔耶所探讨的“越界”（transgression）、布朗肖所建构的“文学空间”（espacelittéraire）等激进概念都对福柯产生了重要的影响（2001: 205-215; 1998: 21-32; Philo 1992: 144-148）。福柯论述道，我们在这些作品中可以看到，由于 20 世纪的状态是与之前的艺术与语言实践相割裂的，进而它将这些实践带入一个关于空间的全新领域：

> 20 世纪可能是一个可以使这种亲缘关系断裂的时代……这……揭示出，话语可能是，或者会变成一种空间化的存在……在当今的话语中，如果说空间是一种对隐喻的痴迷，这并不意味着它之后也只能提供这种根源；在空间中，话语从一开始便会铺展开来，摆脱它自身的限制，决定它自己的选择，描绘它自身的轮廓与转变。正是在空间中，它对其自身进行了“隐喻化”。缝隙、距离、媒介、离散、破碎、差异均并非当今文学的主题，但是在这些主题中，话语却呈现到了我们面前：这使得空间可以诉说（2001: 163-164; West-Pavlov 2009: 117，emphasis mine）。

在这个论断中，关于主动化和异质化空间的话语知识主要呈现于，同时也是建构于福柯对雷蒙·鲁塞尔（Raymond Roussel）的世界的探索。**事实上，福柯被鲁塞尔的个人魅**

力所吸引——他是一位风流的、有品位的、热情的、压抑的、浪漫的、富有冒险精神的、同性恋性向的、令法国中产阶级头痛的天才（2004: xiii）。福柯十分感激于鲁塞尔的出现，并且在他的作品中一直涉及他们所共识的主题（例如话语系统的空间化运作、文本性的实验以及对起源神话的怀疑等）。

144

在《死亡与迷宫》中，福柯似乎已经融入进了鲁塞尔的思想与人格之中。如同我们可以将这本书与另外两篇写于同时期的文章——《残酷的知识》（*So Cruel a Knowledge*, 1962）和《语言与无限》（*Language and Infinity*, 1963）关联在一起进行阅读（Foucault 1998: 89-102，53-69）。受散布的镜子、迷宫、牛头人像以及其他的怪异机器等鲁塞尔式的图像所影响，福柯的第一篇文章对 18 世纪晚期的浪漫主义进行了评述，而第二篇则涉及了话语及其变异，并以对越界空间（从自然向反自然进行转变的空间）的描述作为结尾（1998: 68）。两篇文章都关注于语言，其中虽然“文字被用于对客体进行探索”，但是“文字也在不断地被粉碎”。福柯将这个状态描述为“一种语言作品，它将语言本身与死亡相交叉，从而打开了这种可以反射出怀疑的无限空间”（Foucault 1998: 93）。同样，“反射怀疑”的概念也再一次出现在《死亡与迷宫》中：

> 这里，我们可以在隐藏于表象之下的事物和闪现于不可触及的光晕之中的事物之间发现语言的作用。我们很容易理解为什么安德烈·布勒东（André Breton）等人会在鲁塞尔的作品中感受到一种对隐藏、不可见以及抑制的痴迷……鲁塞尔的语言展示出了一种在可见与不可见之间不断的往复性，而正是这种同样的重复性将语言赋予了意义（Foucault 2004: 122-123）。

福柯论述道，并不是话语本身试图隐藏任何东西；话语只是简单地作为可见事物的抽象副本而存在。福柯坚持认为，这是话语从最开始流动于具体事物之间时便具有的功能，这也是为什么事物只能通过话语才能被感知。他写道： 145

> 但是这种隐藏在事物可见且可描述的表面与面具之下的阴影并不是源于其出现的时刻，而是来自于其向死亡靠近的过程中，这种死亡像削水果一般对世界进行着重复复制（2004: 123）。

我们可以再次强调，对于福柯（以及与他同时代的其他思想家）来说，话语是研究中最为重要的议题和焦点。**话语不再仅仅扮演着将内容从过去传递到当下的角色。用福柯的话来论述，“话语放弃了它对意义所进行的不间断的再现”，而变成了一种散布的状态——在空间中传播、离散、断裂。因此福柯认识到，话语其实完全独立于18世纪和19世纪建立起来的理性系统。** 146

理性的曲线与螺旋

福柯论述道，话语的散布状态往往呈现于先锋文学作品之中，其中话语会对其自身进行非线性的演变。这里，传统叙事文学中的话语会将它们自身以横向交叉的方式展开。因此，在这些文学中，话语可以摆脱其在常规的线性状态中“对含义的有序再现”，从而开始呈现出某种“符号化”，例如，“偏离常规道路”进入一种实验性的横向思维模式中（West-Pavlov 2009: 117-118）。

福柯在研究中涉及话语的散布状态时，对19世纪传统文学类型中直线式的叙事脉络与非正统的“曲线”图形进行了对比：

147

> 非正统的“曲线”，与荷马式的回归或是诺言的履行都十分地不同，它无疑存在于一种难以想象的文学之中。这也就是说，它让这种文学成为可能（Foucault 2007: 164）。

纪尧姆·阿波利奈尔（Guillaume Apollinaire）、詹姆斯·乔伊斯（James Joyce）、弗拉基米尔·马雅科夫斯基（Vladimir Mayakovsky）等人在现代文学中都占据着重要的地位，他们的作品挑战了传统的文学写作模式，并对福柯产生了巨大的吸引力。福柯从哲学和空间层面对他们的思想进行了提取和整理。用另一位法国思想家和激进精神分析学家费利克斯·瓜塔里（Felix Guattari）的论述来说，这些作品形成了一种逃离线性结构并呈现出横向性的观念，进而这种观念得以在难以想象的空间中以非正统的曲线形式被展开（Guattari 1972）。

我们可以认为，福柯如此是在用先锋文学的例子来使我们去关注传统文学中未涉及的空间性。通过追溯先锋作家这条线索，并揭示出他们如何在作品中将线性的文本转化成不同层面的空间和话语，福柯为我们建构出了思维和语言之下的潜在层面。

《事物的秩序》这本著作的文字便是源于这个意识，它标志着福柯自己的语言进入到了一种动态的变化之中。这个变化轨迹从话语空间中的隐喻开始，一直延伸至他在有关认识论的作品中精确建构出的概念。他的语言并不会让思想在其安全的状态中过久地保持着稳定状态，这种语言会始终推动着我们的思想向前运动。

曲线形状及其在三维空间中延伸出的形式——螺旋，出现于福柯在 1982 年对保罗·拉比诺（Paul Rabinow）所进行的关于后现代主义和理性问题的访谈中。在理性问题上，福柯与哈贝马斯（Habermas）具有共同的认识：他论述道，一个人如果放弃了对理性的哲学思考，那么他便有陷入非理性的危险。正是由于在20世纪80年代，许多后现代哲学家（甚至包括他们的追随者）都在推崇非理性化，所以对于这一立场的坚持是十分重要的。**福柯承认，他认为18世纪以来的哲学核心议题一直是“我们所贯彻的理性是什么？”、“它的影响、局限和可能带来的危险是什么？”以及“最重要的，我们是如何作为一种理性个体而存在，并且同时如何去践行一种存在本质危险的理性？”**（Foucault 1991b: 249）福柯总结道，“将理性作为一种需要被消灭的敌人”这一观念是非常危险的；然而同时，“认为对理性的批判可能会将我们引入非理性的状态”这一观念同样需要被谨慎地审视。对于这种理性/非理性的模糊性，福柯给出了这样的例子：

148

> ……在社会达尔文主义的高度理性的基础上，种族主义逐渐形成，并发展成为纳粹主义最为重要和有影响力的组成部分。这无可厚非是一种非理性，但是归根结底，这种非理性又同时是一种理性的特殊存在形式……。（Foucault 1991b: 249）

福柯所论述的这种复杂状态非常重要。这是因为，如果说哲学具有某种批判功能的话，那么它应该存在于某一种领域中，这种领域使得它可以容许这种思维的螺旋，容许这种如同一扇理性的旋转门似的螺旋，这种螺旋一方面向我们指涉着它的必要性，同时又显现着其内在的危险性（Foucault 1991b: 249）。

149

在福柯的著作中，关于非理性曲线与话语关系的讨论逐渐演变成了对理性螺旋形式的三维化建构。这里所指的螺旋形态不仅仅是一种隐喻，更是一种清晰的模型——一种福柯

的话语在逻辑结构层面上的思想延伸。

因此，我们可以认识到，对于福柯来说，空间和话语之间存在着一种非常紧密的共生关系，其中任何改变都会构成相互间新的影响。任何对空间的调整都会对话语施加效应，同样地，话语的变化往往又会影响空间本身。事实上，只要空间和话语处于共存的状态，建筑便往往会被牵扯其中。这也是为什么建筑一直被福柯的著作所涉及，虽然不被直接提及，但却始终存在。

德勒兹世纪

翻转柏拉图主义、幻象与拓扑

尽管从 20 世纪 90 年代开始，建筑理论进入了一个新的领域，其中出现了诸如褶皱、仿生主义、参数化主义等一系列范式，但是在这之中，福柯关于空间的论述仍然可以被认为是充满价值和创造性的。事实上，这个新领域中的许多理论的发展都可以回溯到福柯的研究中。并且这种影响最终将我们带到了吉尔·德勒兹和费利克斯·瓜塔里对空间性所进行的一系列革命性批判论述中（1987: 474-500）。正如福柯在 20 世纪 70 年代所预见的那样，德勒兹（和瓜塔里）的著作将在与空间相关的议题上产生无与伦比的影响。

150

在针对《差异与重复》（*Difference and Repetition*）和《感觉的逻辑》（*The Logic of Sense*）所作的评论文章《哲学剧场》中，福柯对德勒兹的思想进行了深刻的讨论。他认为，德勒兹的思想是动态性的，其语言、空间和观念会不断地相互刺激（Foucault 1977: 165-196）。福柯的论述引导我们经历了一场思想发展的历史，并且为我们展示了他对德勒兹思想的深刻解读，正如下文的描述：

我必须对这两本具有极高价值和重要性的著作进行讨论:《差异与重复》和《感觉的逻辑》。事实上，正是由于这两本书极为杰出，从而为阅读带来了一些困难;这也解释了为何很少有学者对它们进行讨论。我相信，这些著作会持续地围绕在我们周围，并与另一个重要的极端标志人物——克洛索夫斯基的著作之间产生着复杂的回响效应，也许某一天，这个世纪会被定义为德勒兹的时代(Foucault 1977: 165)。

今天，我们可以承认，德勒兹的时代已经到来。例如毕尔巴鄂古根海姆博物馆、具有有机几何形态的中国国家体育馆、具有未来式怪异空间的沃尔夫斯堡费诺(Phaeno)互动科学中心等一系列重要的、具有高度创新性的建筑项目都呈现出对德勒兹式的、反柏拉图式的几何与空间的关注。这些被定义为“参数化的”或是“褶皱的”(往往是一种“折叠”形式的实践)建筑很少呈现出直角化的、平面的、笛卡儿式的，或在任何一种层面上从属于欧几里得几何的形式语言。它们的形式或是借鉴于自然的有机体形态，或是衍生于一系列所选的参数之中。而在后一种方式中，参数变量呈现于公式算法之中，并被应用到空间层面，其衍生形式的复杂过程往往只能在计算机中进行。在福柯对圆形和球形等传统形式的主导地位进行批判的时期建造的建筑，与这些新的建筑在形态上截然不同。然而，在那时，福柯便已经呈现出了试图颠覆柏拉图形式的野心，他写道:

151

我们需要舍弃圆形这种回归式的错误原则;我们必须抛开试图将所有事物组织在一个球形中的习惯。所有事物通过一种线性的、迷宫式的线条回归于笔直且纤细的状态，进而，呈现出纤维化和分叉式的形式[雷里斯(Leiris)一系列奇妙的作品将可以完美地映射出德勒兹式的分析]（Foucault 1977: 166）。

一方面，福柯清楚地预见了褶皱、纤维、分叉等建筑未来的发展趋势。另一方面，其他类型的趋势也都持续不断地涌现于德勒兹和柏拉图主义的并置关系中。由于福柯和德勒兹的文本为建筑的推演与分析打开了更多的操作层面，因此它们也为建筑在未来的发展提供了更多创新的可能性。这使得建筑设计超越了现有的生产模式，进入了一种未知的工作领域。尽管犬儒主义认为，当今的曲线参数化建筑过于直白地借助了德勒兹和瓜塔里的理论，并且我们在某种程度上也确实可以认同这一观点，但是这并不会削减福柯关于德勒兹式空间的“预言”的价值。

152 更深层次的含义是什么？

我们可以认为，福柯的目的是在通过拓展认知理解的边界来质疑并超越现有的“思维系统”。他用以达成这一目的的主要途径是去揭示出柏拉图主义的对立面——幻象与无实体的几何形式。正如福柯所论述的，通过德勒兹思想来反转柏拉图主义，在本质上是“将隐匿在个体之中的自我展示出来，打破整体的形制，将它分解到最为微小的姿态之中——不连续的，但是具有‘精神性’的——这种操作将为我们消解掉模拟与再现”（Foucault 1977: 167）。

在这里，福柯试图阐述一种对于空间的全新思考方式，以超越现有陈旧的再现（图像模拟）系统（由于建立在模拟的基础上，因此这种系统并非真实的、开放的或具有创造性的）。在这个趋势中，福柯通过揭示出一种微小的、不连续的姿态，

153 逐渐地建立起几何和幻象之间的联系。由于这些姿态会促使

我们重新思考现有空间认知中的局限性和不充分性，而这种新的空间认知又会决定并渗透到知识与社会结构的方方面面，因此福柯将这一探索理解为是解放性的和“精神性的”。当今，尽管许多参数化设计项目的形式结果并没有展现出太多与这种空间观念的关联性，但它们的内在逻辑已经建立在了这一诉求的基础之上，并已经展现了它们在这一探索脉络中的具体目标（Schumacher 2010）。

对于西方文化来说，消解图像模拟的范式是一个重大的问题。这是因为，完全消除我们建立在再现基础上的文化本质架构是十分困难的。然而，进行这种消解又具有精神层面的意义。在这一层面中，福柯指向了表面性与幻象的涌现——非物质化的物体。他提出了一种将这种物体整合进我们思维的可能性。他建议去建构一种关于幻象的哲学。这种哲学并不能通过感知媒介或是图像而被简化为一种“事实”，并且其中的概念本身便也不能［在洛克（Locke）的角度中］被认为是一系列图像。根据福柯的观点，由于静态图像明显不属于基于幻象的逻辑领域，因此对它的“迷恋”是应该被反思的。福柯认为：

> 幻象衍生于表面之间，并在其中呈现着意义，同时它又处于一种反转之中，不断地将内部展开到外部，将外部闭合到内部，在一种间歇性的摇摆之中不断地超越自身又追随自身——简短地说，它存在于一种（德勒兹可能不会允许我们将其称之为的）“无实体的材料性”中（Foucault 1977: 169）。

福柯认识到，无论在幻象背后寻求一种更加实际的真实，还是将其简化为一种图像或是另一种感知的媒介都是无用的。 154

幻象需要在它们自身层面被接受：

> （在本质中，它们）需要在实体的限制内进行运转；同时又与实体进行对抗，这既是因为它们会刺穿实体，并从实体中伸出，同样也是因为它们触碰着实体、切割着实体、将实体打破成碎片、划分实体、将实体的表面多重化；同样的，在实体外部，因为它们会根据相近性、扭转和距离变量的规则——一些我们仍然没有深刻认知的规则，在实体之间进行运转。幻象并不会超越有机体而进入一种想象的领域；它们将实体材料本身拓扑化（1977: 169-170）。

155　因此，拓扑（关注于连接性等空间属性，并基于连续的变形、弯曲和拉伸）成为所有事物的全新基础。福柯论述道，德勒兹的《感觉的逻辑》可以从梅洛 - 庞蒂（1908—1961 年，法国哲学家，强调感知的重要性，并在马克思、胡赛尔和海德格尔的基础上建构出他的观念）的视角被解读为最难以想象的奇怪著作。这一观念在福柯所处的时代饱受争议。福柯论述道：

> ……根据德勒兹的观点，幻象建构出无法穿透且不具实体的物体表面；并且在这个过程中，事物同时是拓扑且严密的，事物被不断地塑形，将其自身作为一种中心化的有机体而进行不真实的呈现，并将其与事物间不断增加的疏离性散布在它的周围（Foucault 1977: 170）。

从当今的视角来看，我们很容易忽视福柯在 20 世纪 70 年代对德勒兹作品所做的支持的重要性。这种对他的共事者的杰出作品（福柯将其视为最为大胆且无视一切的形而上学论著）所进行的诚恳而慷慨的认知和解读同样是大胆而危险的。但同时，这种解读又具有重要的意义。它几乎从根本上为我们解放了批判性思想的所有议题。

剧场、事件和新的档案管理者

为了能进一步拓展第一部分“哲学剧场”讨论过的幻象和再现模拟议题，福柯引入了对心理分析和剧场的讨论。福柯写道，这两种特殊且重要的生活舞台都是在自由模拟再现的动态情况下描述着它们的状态。他论述道，由于心理分析关注于它自身所伴随的幻象，因此它最终应该被理解为一种形而上的场所，而与之对应，剧场则可被理解为一种特殊的真实场所：

156

> ……其中，在没有任何再现途径的情况下（复制或模仿），我们直接面对面具的舞蹈、身体的哭泣、手以及手指的姿态（Foucault 1977: 171）。

福柯总结道，我们不可能对这两个方面进行调和，因此我们也就不可能将它们归结到其中任何一个视角中。这就如同作为精神分析学家、心理医师的弗洛伊德（Freud）与作为剧作家、诗人、演员的阿尔托（Artaud）之间始终是相互对立的（1977: 172）。但是同时，心理分析和剧场又都含有可以被展开的事件——一种形成话语的基本类别。

在这篇论文中，福柯的思想不断地游走于从柏拉图到智者学派的（Sophists）、犬儒主义的（Cynics）、伊壁鸠鲁式（Epicurus）的空间之间，并以讽刺和幽默的方式构成他自己在这其中的映射。通过将我们带入一种被福柯认为是“处于它们存在层面的——危险行为”中的思想迷宫，他为古代哲学重新建构了一套谱系系统（Foucault 1977: 168-169）。**从而，我们可以真正触及“哲学剧场”——一种作为剧场的哲学。而这种哲学也正是福柯对德勒兹思想的描绘。在福柯的理解中，**

德勒兹的思想并不存在于未来，而是鲜活地展现在他的文字中，并“向前涌现，在我们背后、中间舞蹈；建构出生产性的思想、内化的思想、积极的思想、非确定性的思想”（1977: 196）。

157 福柯阐述道，在这个剧场中，他首先将每个观念视为难以辨认的面庞——一系列未曾见过的面具。然而，它们逐渐变得可被识别，成为柏拉图、邓斯·司各脱（Duns Scotus）、斯宾诺莎（Spinoza）、莱布尼茨（Leibniz）、康德（Kant）等一系列出现在德勒兹著作中的哲学家。福柯论述道，哲学在这种德勒兹的范式中不再是一种思想，而是变成了一个剧场：

> 这是一个剧场，其中智者学派的巨大笑声撕裂着苏格拉底的面具；其中斯宾诺莎以他的方式在一个偏心的圆圈中呈现了一套狂野的舞蹈，同时围绕着他不断旋转的物质像是构成了一个疯狂的星球（1977: 196）。

在对这种独特思想范式的边界与逻辑的探索中，福柯为一系列概念建构了不同的解释，其中包括那些关于剧场和档案的概念。而正是由于这个原因，德勒兹后来将福柯称为“新的档案管理者”（Deleuze 2006: 3-21）——作为一个“档案管理员”，福柯并不认为空间是一系列被记录的事件与事物的总和，而是将空间视为一个系统，统筹着所有可以被记录的存在（关于福柯和档案，参见本书第2章）。

在这个意义上，档案不再是普查、笔记本、草图本、古代文稿，或是被复原的建筑作品，而是一系列事件和智力活动，保证着建构任何编纂的可能性。通过从另一个不同的角度重新梳理德勒兹的思想脉络，福柯论述道，德勒兹的研究方式并非一种收集和复原物质事物的科学，而是一种剧场般的存在——一种永远不会被完成、永远不会被实现的作品。

158 **尽管德勒兹式的空间观和时间观所带来的愉悦感不断吸**

引着我们的探索，但它们同时也有一定的局限性。这就如同不加限制的玩乐所带来的并不会是愉悦，而是痛苦。道格拉斯·斯宾塞（Douglas Spencer）便例证了这种在阅读德勒兹著作时所形成的空间化愉悦的局限性。在阐述到建筑学领域对德勒兹思想所进行的解读时，斯宾塞论述道，建筑学中的“德勒兹主义”是一种在对马克思范式具有明确的反对立场的基础上，对德勒兹和瓜塔里的著作所进行的解读（2011: 9–21）。斯宾塞描述道，在这一立场中，建筑师在很大的程度上忽视了德勒兹和瓜塔里哲学在社会与政治层面的映射，而这些层面也正是福柯一直在关注和讨论的议题。**斯宾塞在这里指出，外国建筑事务所（Foreign Office Architects）的亚历杭德罗·扎拉－波罗（Alessandro Zaera Polo）最先从德勒兹和瓜塔里哲学中引出了一系列可以被转译为空间概念的思想。而更为重要的是，扎拉－波罗的关注点最近回归到了政治的议题中。这些议题在之前均被认为是建筑学中不够长远和稳定的思考**（Zaera Polo and Moussavi 2003: 10）。**这一转变最终使得扎拉－波罗的理解更加接近于福柯对德勒兹和瓜塔里哲学的解读。**

我们可以认为，在一种如福柯所论述的向空间性回归的范式中，扎拉－波罗通过从空间角度重新思考建筑的围护，将其理解为一种可以介入社会规范和政治议题的、具有组织性和再现性的媒介。并且由此，他揭示了在建筑学中引入政治行为的必需性。而通过这些，我们看到了福柯思想与当代议题的持续关联性。

159

终章

本书的最后一章从现象观察与理论审视的层面探讨了福柯思想中所涉及的空间性。在这些探讨中，我们认识到了福柯在早期著作中所讨论的空间隐喻以及其他相关的空间思想如何从本质上影响了他晚期在《事物的秩序》、《知识考古学》和《规训与惩罚》中对空间的探索。

而我在这里想要强调的，正是这两种对空间和空间思维的不同使用方式所呈现的具体属性。这两种方式可以被分别对应于福柯思想中两种主要的批判路径：其一是通过与传统的断裂来探寻和发现新的观念；其二是通过将这些观念置于实践中，来检验和探索这些新观念和新范式的潜力。

在福柯生涯的晚期，他认识到了这种双重性及其带来的动态机制。这一认识为福柯提供了一种可以对他自己的思想进行映射的平台。这就如同我们在他的自传文章中可以看到的那样（Foucault 1998: 459-465）。

这种对思想的映射在本书的导言中曾被简要提及，而之后在对限定性进行分析的部分中也有所涉及（参见第 4 章中的部分章节：危机、自我和有限界）。最后，这个议题又在这个结尾的章节中得以回归。

160

福柯深知，那种试图与现实相关联的欲望（而非从现实中抽离为一种再现的形式）中浸染着革命性的力量。其中，福柯自己的欲望与先锋的现实状态密切关联，并建立在艺术、文学和社会层面之上。而这也是为什么先锋作品对于福柯一直都保持着重要的意义。这些作品的介入触发并推动着福柯的思想跳出抽象的语言空间，并使之向外扩展，超越哲学和人类科学的准则，进而为分析和创造出一种新的异质化空间提供可能。虽然福柯沉浸于这种自由的探索之中，但是他并没有在这个过程中忽视理性逻辑，也没有抛弃那种基于系统性的和方法论的批判性态度与实践。

在这个意义上，福柯的研究方式和他对于美学的诉求相互重叠于他对新的体验所进行的持续不断的理论思辨，以及

这些思辨所处于的状态和所产生的影响中。换句话说，福柯所探索的是"美"的状态（"感受"、"体验"或"感受到的体验"），而非建筑等物体的物质化形式特征。在对新的体验以及它们的空间所进行的理论探索中，福柯感兴趣的是揭示出这种由相互体验和相互关联的人、话语和事物（包括建筑）所构成的不断变化的生活的内在秩序。

161 因此，福柯系统性地挑战了那些（与它们宣称的相反）禁锢着我们思想的、关于人类本质的流行观念。福柯的工作是去揭示这个现象的背后机制，指出我们需要进一步明晰人类个体的本质，并进一步剖析出人类超越于自然事物的能力。

对于福柯来说，最为重要的是认识和理解世界所带来的愉悦。而这也是为什么他在作品中持续不断地对新观念和新空间进行检验和探索。他认为，一项著作应该：

> 冒险性地在知识领域中引入重大的差异，对作者和读者均造成某种程度的困难，但是最终又会回馈出某种愉悦，那可以被认为是通向另一种真实时所形成的喜悦（Foucault 1998: ix）。

著作的这种特征指涉出支撑着科学工作以及艺术与建筑工作的前提属性。**个体需要以某种困难为代价来获取知识，而这种体验困难的过程也正是通过质疑来将我们引向真理的路径。面对问题、经历问题、定义问题等流程均建立在人类思维的本质属性的基础上。思维"允许我们远离并抽离于"对事物的常规处理和反应机制；它可以将其自身呈现为一种思维的客体**（Foucault 1994: xxxviii）。**无论在科学、艺术还是建筑中，以这种方式被理解并以这种方式而存在的思维总是可以为我们提供一种自由的体验。**

162 在他的工作、生活和旅途中，福柯表明了个体不可能在正常的生活中缺少周全的、无畏的、节制的状态，也无法缺失与他人的联系或是对他者的关怀。这暗示着一种信念——生活中同样有一些自我之外的事物需要被尊重。我们需要在与他者的关联中，通过对围绕在我们周围的环境和事件的质疑来呈现和建构我们自身。我们的人格涌现于以这种方式构成的相互交织的各种关系之中。在这种相互间的交流里，我们会发现“人”意味着什么，以及我们是谁。当然，这其中也包括作为建筑师的我们是谁。

从这个意义上讲，米歇尔·福柯可以被视为一位关联性的、对话性的哲学家。他的著作可以被认为是在为读者建构一种特定的环境，而著作本身正是这种建构行为的具体表现形式。最终，这种建构出的环境及其空间效果在持续不断涌现出的福柯作品中得到呈现。

163

1984 年 5 月，福柯坐在巴黎罗丹美术馆（Musée Rodin）的庭院中（摄于其去世的几周前）

延伸阅读

许多建筑历史学家和理论家的作品都直接或间接地与福柯的思想相关联。因此，将它们全部呈现于此，是不可能完成的任务；我们在书中已有涉及的那些著作的基础上，从中选出一些进行罗列。

吉尔·德勒兹的《福柯》(Foucault，1996)一书涉及了《哲学剧场》和《知识考古学》中的一系列议题(Deleuze: 2006)。同时，德勒兹和瓜塔里的《千高原》(*A Thousand Plateaus*)也必然是进一步阅读的材料。

约翰·雷奇曼(John Rajchman)的著作，包括《米歇尔·福柯：哲学的自由》(*Michel Foucault: The Freedom of Philosophy*, 1985)和《福柯的观察艺术》(*Foucault's Art of Seeing*, 1988/10)，都对我们与福柯的持续对话产生着重要的意义。

克里斯汀·鲍尔(Christine Boyer)在她的作品《城市与集体记忆》(*The City and Collective Memory*, 1966)中，通过引入福柯和他的空间性思想，探讨了历史中图像与建筑的愉悦问题。

马克·卡森斯(Mark Cousins)和亚瑟·侯赛因(AtharHoussain)的《米歇尔·福柯》(*Michel Foucault*, 1984)对这些主要议题进行过非常重要的思想总结。迪迪埃·埃里蓬(Didier Eribon)完成的福柯传记《米歇尔·福柯》(*Michel Foucault*, 1993)可以被认为是最为可靠的传记体著作。在此之外，戴维·梅西(David Macey)所做的传记(2004)则为我们提供了一种对米歇尔·福柯的有趣解读。

参考文献

米歇尔·福柯的主要著作

书籍（以时间顺序排列原版法语著作及其英语翻译版本信息）

Foucault, M. (1954) (1987) Mental Illness and Psychology, trans. A. Sheridan, forward by H. Dreyfus. Berkeley, Los Angeles and London: University of California Press.

—— (1961) (2009) Madness and Civilisation: A History of Insanity in the Age of Reason, trans. R. Howard. London and New York: Routledge Abridged version.

—— (1963) (2010) The Birth of the Clinic: An Archaeology of Medical Perception, trans. A. M. Sheridan-Smith. London and New York: Routledge.

—— (1963) (2004) Death and the Labyrinth: The World of Raymond Roussel, trans. C. Raus. London and New York: Continuum.

—— (1966) (1991) The Order of Things: An Archaeology of the Human Sciences, trans. A. M. Sheridan Smith. London and New York: Routledge.

—— (1968) (1982) This is Not a Pipe, trans. J. Harkness. Berkeley: University of California Press.

—— (1969) (1985) The Archaeology of Knowledge, trans. A. M. Sheridan Smith. London: Routledge.

—— (1975) (1991a) Discipline and Punish: The Birth of the Prison, trans. A. M. Sheridan Smith. London: Penguin Books.

—— (1976) (1987a) The History of Sexuality, Vol. 1: An Introduction, trans. R. Hurley. London: Penguin Books.

—— (1984) (1987b) The History of Sexuality, Vol. 2: The Use of Pleasure, trans. R. Hurley. London: Penguin Books.

—— (1984) (1990) The History of Sexuality, Vol. 3: The Care of the Self, trans. R. Hurley. London: Penguin Books.

以英语进行编辑和出版的原始版本

—— (1977) Language, Counter-Memory, Practice: Selected Essays and Interviews, D. F. Bouchard, ed. D. F. Bouchard, trans. S. Simon. Ithaca, NY: Cornell University Press.

—— (1986) Power/Knowledge: Selected Interviews and Other Writings, 1972–1977. C. Gordon, ed. Brighton: The Harvester Press.

—— (1991b) The Foucault Reader. Rabinow, P. ed. New York: Pantheon.

文章、论文集和访谈

—— (1952) (1985a) Dream, Imagination, and Existence, trans, F. Williams. Ludwig Binswanger, 'Dream and Existence', trans. J. Needleman, Studies of Existential Psychology and Psychiatry.

—— (1964) (2007) 'The Language of Space' trans. G. Moore in J. W. Crampton and S. Elden, (eds)., Space, Knowledge and Power. Aldershot: Ashgate, 163–168.

—— (1967) 'On other spaces' (1993) in Ockman, J. ed.

Architecture Culture 1943–1968. New York: Columbia Books of Architecture, 419–426.

—— (1984) Revue de l'Université Bruxelles 113: 1984: 35–46.

—— (1985a) 'La Vie: L'Expérience et la Science', Revue de Métaphysique et de Morale 1, 6–14.

—— (1989) Résumés des cours (1970–1982). Paris: Julliard. —— (1994) Dits et écrits 1954–1988, vol. 4. Paris: Gallimard.

—— 'Des Traveaux' (1994) in Dits et écrits. Paris: Gallimard, vol. 4.

—— (1998) Aesthetics, Method, and Epistemology. J. D. Faubion, ed., P. Rabinow, series ed. New York: The New Press, Essential Works of Foucault, 1945–1984, vol. 2.

—— (2001) Dits et écrits: 1954–1975, vol. 1. Paris: Gallimard.

米歇尔·福柯的其他作品

—— (1966) 'Philosophy and the Death of God', originally an interview with M. G. Foy, published in Connaissance des homes 22 (Autumn 1966), Carrette J. ed. (1999).

—— (1968) 'History, Discourse and Discontinuity', trans. A. M. Nazzaro, in Salmagundi 20 (Summer-Fall 1972) 225–248. Originally published as 'Reponse à une question', Esprit 5.

—— (1971) 'A Conversation with M. Foucault', Partisan Review 2.

—— (1971) 'Orders of Discourse', trans. R. Swyer, in Social Science Information, 10:2, 7–30.

—— (1971) 'Monstrosities in Criticism' trans. R. J. Matthews, diacritics. 1 (Fall 1971) 57–60.

—— (1971) 'Foucault Responds/2', diacritics 1 (Winter 1971) 60.

—— (1974) 'Michel Foucault on Attica: An Interview', Telos 19, 154–161.

—— (1975) ed. I, Pierre Riviere, having slaughtered my mother, my sister, and my brother ...: A Case of Paracide in the 19th Century, trans. F. Jelinek, ed. M. Foucault. New York: Pantheon.

—— (1977) 'The Political Function of the Intellectual', trans. Colin Gordon. Radical Philosophy 17 (Summer 1977) 12–15.

—— (1977) 'Power and Sex' trans. D. J. Parent. Telos 32 (Summer 1977).

—— (1980) HerculineBarbin; Being the Recently Discovered Memoirs of a Nineteenth-Century French Hermaphrodite, trans. R. McDougall. New York: Pantheon Books.

—— (1981) 'The Order of Discourse', trans. I. McLeod, in Untying the Text: A Post-Structuralist Reader. R. Young, ed. Boston and London: Routledge, Kegan Paul. 51–78.

—— with Sennett R. (1981) 'Sexuality and Solitude', London Review of Books (21 May 1981) 3–7.

—— (1981) 'Is it Useful to Revolt?', Philosophy and Social Criticism 8.

—— (1981) Remarks on Marx: Conversations with Duccio Trombadori, trans. R. J. Goldstein and J. Cascaito. New York: Semiotext(e), 1991. Foreign Agents series.

—— (1982) 'Is it Really Important to Think?', Philosophy and Social Criticism 9 (Spring 1982).

—— (1982) 'Response to Susan Sontag', Soho News (2 March 1982) 13.

—— (1983) 'Structuralism and Post-structuralism: An Interview with Gerard Raulet', Telos 55 (Spring 1983) 195–211.

—— (1984) 'Qu'appelle-t-on punir? Entretien avec Michel

Foucault', Revue de l'Université Bruxelles 113: 35–46.

—— (1985) 'Final Interview', Raritan 5 (Summer 1985).

—— (1986) 'Kant on Enlightenment and Revolution', trans. C. Gordon, in Economy and Society 15:1 (February 1986) 88–96.

—— (1987) 'The Ethic of Care for the Self as a Practice of Freedom: An Interview with Michel Foucault', Philosophy and Social Criticism 12 (Summer 1987).

[——] Florence, M. (1988) '(Auto)biography, Michel Foucault 1926–1984', History of the Present 4, Spring, 259–285.

—— (1988). Technologies of the Self: A Seminar with Michel Foucault, L. H. Martin, H. Gutman, and P. H. Hutton, (eds). Amherst, MA: University of Massachusetts Press.

—— (1989) Foucault Live (Interviews, 1966–1984), trans. J. Johnston and S. Lotringer, ed. New York: Semiotext(e), Foreign Agents series.

—— (1993) 'About the Beginnings of the Hermeneutics of the Self: Two Lectures at Dartmouth', Political Theory 21 (May 1993) 198–227.

—— (1995) 'Madness, the Absence of Work', trans. P. Stastny and DenizSengel. Critical Inquiry 21 (Winter 1995) 290–298.

—— (1997) The Politics of Truth, SylvereLotringer and LysaHochroth, (eds). New York: Semiotext(e).

—— (1997) Ethics: Subjectivity and Truth, Paul Rabinow, ed. New York: The New Press.

—— (1999) 'Philosophy and the Death of God', originally an interview with M. G. Foy published in Connaissance des homes, no 22. Autumn 1966, Carrette J. ed.

—— (1999) Foucault and the Environment, E. Darier, ed.

Oxford: Blackwell.
—— (2000) Power. C. Gordon, ed, P. Rabinow, series ed. New York: The New Press, 298–325.
—— (2005) The Hermeneutics of the Subject: Lectures at the Collège de France 1981–1982. New York and Basingstoke: Palgrave/Macmillan.
—— (2009) Manet and the Object of Painting, trans. M. Barr. London: Tate Publishing.

间接资料

Allen, S. (1997) 'From object to field', AD Profile 127 Architecture after Geometry, Architectural Design 67:5/6, 24–31.
Agrest, D., Conway, P. and Weisman L., (eds) (1996) The Sex of Architecture. New York: Harry N. Abrams.
Barkan, L. (1999) Unearthing the Past: Archaeology and Aesthetics in the Making of Renaissance Culture. New Haven and London: Yale University Press.
Bloomer, J. (1995) Architecture and Text: The (S)crypts of Joyce and Piranesi. New Haven and London: Yale University Press, 3–10.
—— (1993) '... and venustas', AA Files 25. London: Architectural Association.
Boyer, M. C. (1996) The City of Collective Memory. London and Cambridge, MA: The MIT Press.
Bruno, G. (2007) Public Intimacy: Architecture and the Visual Arts. Cambridge, MA and London: The MIT Press.
Butler, J. (1990) Gender Trouble: Feminism and Subversion of Identity. London and New York: Routledge.

Carrette, J., ed. (1999) Religion and Culture by Michel Foucault. New York: Routledge.

Castel, R. (1986) 'Les aventures de la pratique', Le Débat 41: 41–51.

Cohen, J. L. (1992) Le Corbusier and the Mystique of the U. S. S. R.: Theories and Projects for Moscow, 1928–1936. Princeton: Princeton Architectural Press.

Colomina, B., ed. (1992) Sexuality and Space. Princeton, NJ: Princeton University Press.

—— 'Battle Lines: E 1027' (2000) in Architecturally Speaking, Read, A., ed. London and New York: Routeledge.

Cotton, N. (2007) 'Made to Measure? Tailoring and the "Normal" Body in Nineteenth-Century France' in Histories of the Normal and the Abnormal. Social and Cultural Histories of Norm and Normativity, Ernst, W., ed. London: Routledge.

Cousins, M. and Houssain, A. (1984) Michel Foucault. London and New York: Macmillan.

Cousins, M. (1993) 'The First House', transcribed G. Korolija, London. Arch-Text 1, 35–38.

—— (1989) 'The practice of historical investigation' in Post-structuralism and the Question of History, ed. D. Attridge, G. Bennington and R. Young. Cambridge: Cambridge University Press.

—— 'The Ugly' (2 parts), AA Files 28 (1994) 61–64 and AA Files 29 (1995) 3–6.

Crary, J. (1992) Techniques of the Observer. London and Cambridge, MA: The MIT Press.

Damisch, H. (1995) The Origin of Perspective, trans Goodman J.

Cambridge, MA and London: The MIT Press.

De Certeau, M. (1984) The Practice of Everyday Life. Berkeley and London: University of California Press.

De Landa, M. (1997) A Thousand Years of Nonlinear History. New York: Zone Books, The MIT Press.

Deleuze, G. (1969) Différence et répétition. Paris: P.U.F.

—— (1969). Logique du sens. Paris: Editions de Minuit.

—— (1986) 'La Vie commeune oeuvre d'art', Le Nouvel Observateur, 29 August 1986.

—— (2006) Foucault. New York: Continuum.

—— and Guattari, F. (1988) A Thousand Plateaus: Capitalism and Schizophrenia, trans. B. Massumi. London: The Athlone Press.

Derrida, J. (1986) 'Maintenant l'architecture' in Tschumi, B., La Case vide. London: Architectural Association, Folio VIII.

Dreyfus, H. (1982) Michel Foucault: Beyond Structuralism and Hermeneutics. Brighton: The Harvester Press.

Dreyfus, H. L. and Rabinow P. (1999/1986) 'What is Maturity? Habermas and Foucault on "What is Enlightenment?"' in Foucault: A Critical Reader, ed. D. C. Hoy. Oxford: Blackwell Publishers.

During, S. (1992) Foucault and Literature. London: Routledge.

Eisenman, P. (1984) 'The End of the Classical', Perspecta 21, 1984, 154–172.

Eribon, D. (1993) Michel Foucault, trans. Wing B. London and Boston: Faber and Faber.

Ernst, W. (2007) Histories of the Normal and the Abnormal. Social and Cultural Histories of Norm and Normativity.

London: Routledge.

Feher, M., Naddaff, R. and Tazi, N., (eds). (1989) Fragments for the History of Human Body, vols 1–3. New York: Zone Books.

Flynn, T. (1997) Sartre, Foucault, and Reason in History: Toward an Existentialist Theory, Vol. 1. Chicago: University of Chicago Press.

Fontana-Giusti, G. (2011) 'Walling and the city: the effects of walls and walling within the city space', The Journal of Architecture, RIBA and Routledge, 16:3, 309–345.

—— (2012) 'The role of small scale images by Wenceslaus Hollar' in Scale, Imagination, Perception and Practice in Architecture, (eds). Adler G., Brittain- Catlin T. and Fontana-Giusti G. London and New York: Routledge.

Gerard, D.L. (1998) 'Chiarugi and Pinel considered: Soul's brain/person's mind', Journal of the History of the Behavioral Sciences, 33:4, 381–403.

Greenblatt, S. (1980) Renaissance Self-Fashioning: From More to Shakespeare. Chicago: University of Chicago Press.

Gregoire, P. (1610) Syntaxeonartis mirabilis. Cologne: Lazarus Zetner.

Grosz, E. (1992) 'Bodies/Cities' in Sexuality and Space, Colomina, B., ed. Princeton, NJ: Princeton University Press.

Guattari, F. (1972) Psychanalyse et transversalité. Essais d'analyse institutionnelle. Paris: F. Maspero.

Guibert, H. (1988) 'Les Secrets d'un homme' in Mauve le Vierge. Paris: Gallimard.

Han, B. (2002) Foucault's Critical project Between the

Transcendental and the Historical, trans. Pile, E. Stanford: Stanford University Press.

Hartley, L. (2007) 'Norms of Beauty and Ugliness in French Culture' in Histories of the Normal and the Abnormal. Social and Cultural Histories of Norm and Normativity, ed. Ernst, W. London: Routledge.

Heynen, H. and Baydar G., eds. (2005) Negotiating Domesticity: Spatial productions of gender in Modern Architecture. New York and London: Routledge.

Higgins, H. (2009) The Grid Book. Cambridge, MA and London: The MIT Press.

Hirst, P. (1992) 'Foucault and Architecture', AA Files 26, Autumn, 52–60.

—— (2005) Space and Power: Politics, War and Architecture. Cambridge: Polity Press.

Ingraham, C. (1998) Burdens of Linearity. London and New Haven: Yale University Press.

Janet, P. (1925) Psychological Healing: a historical and clinical study. London: G. Allen &Unwin.

Jardine, A. (1987) 'On bodies and technology' in Discussions in Contemoporary Culture, ed. H. Foster. Seattle: Bay Press, 151–158.

Korolija Fontana-Giusti, G. (1998) The Rhetoric of Surfaces and Walls in L.B. Alberti's De commodis litterarum atque in commodis, De picture and De re aedificatoria. PhD Thesis, University of London.

—— (2000) 'The Cutting Surface: On the Painting as a Section, its Relationship to Writing and its Role in Understanding

Space', AA Files 40. London: Architectural Association.

Lacan, J. (1987) The Four Fundamental Concepts of Psychoanalysis, ed. A. Sheridan. Harmondsworth: Penguin.

Macey, D. (2004) Michel Foucault, Critical Lives. London: Reaktion Books.

McCorquodale, D., Wigglesworth S. and Ruedi K., (eds) (1996) Desiring Practices: Architecture, Gender and the Interdisciplinary. London: Black Dog Publishing.

McNay, Lois. (1994) Foucault and Feminism: Power, Gender and the Self. Oxford: Blackwell Publishers.

Merleau-Ponty, M. (1989) The Phenomenology of Perception, trans. C. Smith. London: Routledge.

Middleton, R. (1993) 'Sickness, madness and crime as the grounds of form' parts 1 and 2. AA-Files 24 and 25. London: The Architectural Association, 16–31 and 14–30.

Moran, J., Topp, L. and Andrews J., (eds) (2007) Madness Architecture and Built Environment: Psychiatric spaces in historical context. London: Routledge.

O'Farrell, C. (2007) Michel Foucault. London: Sage.

Peterson, S. K. (1980) 'Space and Anti-Space'. Harvard Architectural Review 1, Spring, 88–113.

Pietrowski, A. (2011) Architecture of Thought. Minneapolis: The University of Minnesota Press.

Rainbow, P. (1984) The Foucault Reader. London: Penguin Books.

Rajchman, J. (1985) Michel Foucault: The Freedom of Philosophy. New York: Columbia University Press.

—— (1988) 'Foucault's Art of Seeing', October 44 (Spring 1988),

88–117.

—— (1998) Constructions. London and Cambridge, MA: The MIT Press.

—— (1991) Truth and Eros, Foucault, Lacan and the Question of Ethics. London and New York: Routledge.

Schumacher, P. (2010) The Autopoiesis of Architecture. London: John Wiley & Sons Ltd.

Semper, G. (1989) The Four Elements of Architecture and Other Writings, trans. Harry F. Mallgrave and Wolfgang Herrmann. Cambridge: Cambridge University Press.

Sennett, R. (1994) Flesh and Stone: The Body and the City In Western Civilization. New York: Norton.

—— (and Foucault, M. 'Sexuality and Solitude', London Review of Books 3:9, 21 May 1981.

Seppä, A. (2004) 'Foucault, Enlightenment and the Aesthetics of the Self', Contemporary Aesthetics 2, 1–23.

Shapiro, G. (2003) Archaeologies of Vision, Foucault and Nietzsche on Seeing and Saying. Chicago and London: The University of Chicago Press.

Soja, E. (2000) Postmetropolis, Critical Studies of Cities and Regions. Oxford: Blackwell Publishers.

Spencer, D. (2011) 'Architectural Deleuzism – Neoliberal Space, Control and the "Univer-City"', Radical Philosophy 168 Jul/Aug, 9–21. Charlottesville, VA: Philosophy Documentation

Center. Steinberg, L. (1981) 'Velazquez's "Las Meninas"', October 19 (Winter 1981) 45–54.

Still, A. and Irving, V., (eds) (1992) Rewriting the History of Madness: Studies in Foucault's Histoire de la Folie. New

York: Routledge.

Tafuri, M. (1989) Venice and the Renaissance, trans. Levine J. Cambridge, MA and London: The MIT Press.

Trombadori, D. (1999) Colloqui con Foucault: pensieri, opere, omissioni dell'ultimo maître-à-penser. Roma: Castelvecchi.

Tschumi, B. (1996) Architecture and Disjunction. Cambridge, MA and London: The MIT Press.

Veyne, P. (1979) Comment on écrit l'histoire suivi de Foucault révolutionne l'histoire. Paris: Folio/essais.

Vidler, A. (1989) The Writing of the Walls: Architectural Theory in the Late Enlightenment. Cambridge, MA and London: The MIT Press.

—— (1994) The Architectural Uncanny. Cambridge, MA and London: The MIT Press.

—— ed. (2008) Architecture between Spectacle and Use. New Haven and London: Yale University Press.

—— (2011) The Scenes of the Street and Other Essays. New York: The Monacelli Press.

West-Pavlov, R. (2009) Space in Theory, Kristeva, Foucault, Deleuze. Amsterdam and New York: Rodopi.

Wigley, M. (1992) 'Untitled: The Housing of Gender,' in Sexuality and Space, ed. Beatrice Colomina. New York: Princeton Papers on Architecture/ Princeton Architectural Press, 327–389.

—— (1995) White walls, Designer Dresses: The fashioning of modern architecture. Cambridge, MA: MIT Press.

Yates, F. (1966) The Art of Memory, Ark Editions. London: Routledge. Zaera-Polo A. and Moussavi F. (2003) Phylogenesis: FOA's Ark. Barcelona: Actar.

线上档案与资源

Repository of texts written by Michel Foucault, http://foucault.info (accessed 7 October 2012).

Online Archives, http://michel-foucault-archives.org/?About-the-Centre-Michel- Foucault (accessed 7 October 2012).

http://www.michel-foucault.com, site maintained by Clare O'Farrell. (accessed 7 October 2012).

http://www.lib.berkeley.edu/MRC/onlinemedia.html, online audio-recording of Foucault's lectures at UC Berkeley April 1983, 'The Culture of the Self' (accessed 7 October 2012).

索引

本索引列出页码均为原英文版页码。为方便读者检索，已将英文版页码作为边码附在中文版相应句段左右两侧。

B

113

D

F

G

H

I

J

K

L

M

N

O

P

T

U

译后记

译者第一次接触到米歇尔·福柯的思想，是在尼尔·里奇（Neil Leach）编著的名为《反思建筑》（*Rethinking Architecture*）的哲学读本中。作为一本1997年出版的论文选集，这本书以宏观的视角将20世纪批判理论与哲学中对建筑有着直接指涉的思想片段架构在一起，通过哲学思想的视角，对建筑学中我们习以为常的固有观念进行了批判性反思。同样在英国文化批评的语境下，又同样出自于劳特利奇（Routledge）出版社，"给建筑师的思想家读本"系列丛书也呈现着与《反思建筑》相似的诉求。尽管我们无法得知《反思建筑》与"给建筑师的思想家读本"系列丛书之间是否在学术出版角度具有内在的连续性，但是我们仍可以清晰地看到两者中表现出来的共通立场——通过引入一种外来的认知范式来对某一学科中的固有思想进行消解和重构。

如果说，《反思建筑》更像是一个过滤器，将20世纪这个批判理论与哲学最为繁荣的时代进行筛选和重组（该书以现代主义、现象学、结构主义、后现代主义、后结构主义五个部分进行呈现），从而使得建筑师能够在这庞大复杂的思想体系中直接接触到那些与建筑理论密切相关的部分，那么，以《建筑师解读福柯》所代表的读本系列则可以被认为以更加全面的视角将每一位重要的思想家直观地呈现给建筑师。虽然两者都是以浓缩思想为目标，但是前者所采用的路径是，通过对视野的专注，为挖掘在纵深维度上所发生的深层思想提供可能；而后者则是在水平维度上，力求将哲学家完整的思想脉络与架构进行梳理和呈现。

在此，我们并不需要去辨析哪种方式能够更好地在建筑领域对哲学思想进行呈现，毕竟两者都为建筑师带来了不用的认知视角。然而，如果说“给建筑师的思想家读本”提供了哪些《反思建筑》所不具备的认知方式的话，那便是它通过呈现全面的思想体系为建筑师带来的对思想进行多重解读的可能性。在《反思建筑》中，对文章的选取仍是基于我们对于哲学思想和建筑思想相互关联性的固有认知而完成的，例如齐美尔（Simmel）对于大都市精神生活的论述等。这种方式虽然可以让建筑师在比较聚焦的思想领域进行深入的探索，但另一方面也由于编者本身的既有认知而限制了读者去挖掘这些思想家的其他理论与建筑学的相关性。而这一点所造成的影响在对福柯的研究中尤为显著。

福柯的著作一直被认为具有高度的多样性，这里既有对历史本身的档案式研究，也有不包含任何研究客体存在的纯粹逻辑推演；既有考古学式的研究手段，又有基于谱系脉络的探索路径。由于《建筑师解读福柯》一书已经对这些著作本身进行了全面的剖析，所以译者在此便不做具体的赘述。在建筑学中，我们由于受到学科内知识架构的影响，对于福柯的认知反而形成了一些固化的角度。而这种对福柯思想的固有认知观念与福柯思想本身便已经相悖。在福柯的历史观中，没有任何事物具有稳定的本质。我们对任何事物的理解都是由历史中形成的知识体系所建构起来的。由于知识在历史中并不具备稳定的状态，或借用福柯的观念，我们的“认知范式”（epistemes）会随着历史的发展而不断变化，因此，我们在建筑学里对于福柯思想的理解也应该处于一种完全动态的语境中。

从这个角度来看，《建筑师解读福柯》作为一本介绍性的书籍，其价值是给建筑学带来了一个更加“广义”上的福柯。进而，我们便有可能超越建筑领域先前对于其思想的主要关注范畴。在福柯的思想中，空间一直处于核心的位置之上。而这其中，与建筑学关联最为密切的莫过于他对全景敞视监狱的论述。在全景敞视主义中，空间作为一种权力结构的基础，虽然自身不具备任何权力的属性，但当它与设计意图相契合时，却可以对其中的权力实施进行强化。而且由于这种建立在空间视线关系（监视）、权力施加和知识建构基础上的建筑对行为的影响，可以被拓展到社会运转的各个层面之中，所以这也成了它在建筑学中被重点涉及的内因，进而构成了许多关于空间与视界的讨论。

然而，当借由《建筑师解读福柯》一书，我们可以把全景敞视监狱所指涉的空间／权力关系置于完整的福柯哲学架构中时，一种建构全新空间认知的可能性便会涌现出来。如果空间与社会权力结构一直在福柯的思想中有着密不可分的关联性的话，那么从他一生的思想发展脉络看来，建构这种关联性的媒介正是“身体”。从早期的《疯癫与文明》到晚期的《性史》，尽管对身体的讨论时而直接，时而微妙，但这一论题始终是福柯思想的核心基础。身体既是权力施加的对象，也是我们处于空间（物质的或抽象的）之中的架构桥梁，因此身体成了我们认知这两者关系的重要维度。

并且，对于福柯思想对建筑学的贡献来说，身体所呈现的更为重要的价值在于，它将福柯与另外两位法国哲学思想发展脉络中对建筑观念产生重大影响的思想家联系在了一起。他们正是在《建筑师解读福柯》中已被提及的莫里斯·梅洛－庞蒂和吉尔·德勒兹。在张尧均老师的《隐喻的身体——梅洛－庞蒂身体现象学研究》一书中，我们可以解读到，梅洛－庞蒂对于“肉”的观念的提出使他的思想形成了向后现代身体观的指向，并且这种世界之肉的观念影响了之后福柯和德勒兹的哲学。而德勒兹不仅以身体为基础，在《关于社会控制的后记》（*Postscripts on the Societies of Control*）一文中对福柯的思想进行了延伸，更是在其之后的哲学中对超越社会范式制约的身体进行了探讨。最终，以福柯的思想为脉络轴心，从梅洛-庞蒂以栖居（dwelling）为导向的身体与空间（社会）的同一性，到德勒兹以游牧（nomad）状态为目的所进行的将身体从空间（社会）中的解放，一场关于身体观念的讨论成为当代建筑学中不断向外迸发的暗涌。而这也建构了我们作为建筑师，需要不断地对福柯这位20世纪重要的思想家进行回溯与重读的必要性。

闫超

2018年3月20日

给建筑师的思想家读本

Thinkers for Architects

为寻找设计灵感或寻找引导实践的批判性框架，建筑师经常跨学科反思哲学思潮及理论。本套丛书将为进行建筑主题写作并以此提升设计洞察力的重要学者提供快速且清晰的引导。

建筑师解读德勒兹与瓜塔里

[英] 安德鲁·巴兰坦 著

建筑师解读海德格尔

[英] 亚当·沙尔 著

建筑师解读伊里加雷

[英] 佩格·罗斯 著

建筑师解读巴巴

[英] 费利佩·埃尔南德斯 著

建筑师解读梅洛－庞蒂

[英] 乔纳森·黑尔 著

建筑师解读布迪厄

[英] 海伦娜·韦伯斯特 著

建筑师解读本雅明

[美] 布赖恩·埃利奥特 著

建筑师解读伽达默尔

[美] 保罗·基德尔

建筑师解读古德曼

[西] 雷梅·卡德维拉－韦宁

建筑师解读福柯

[英] 戈尔达娜·丰塔纳－朱斯蒂